浙江省普通高校"十三五"新形态教材

U0173259

Kongjian Jiangou:
Yuansu yu Goucheng

空间建构：
元素与构成

宋扬 著

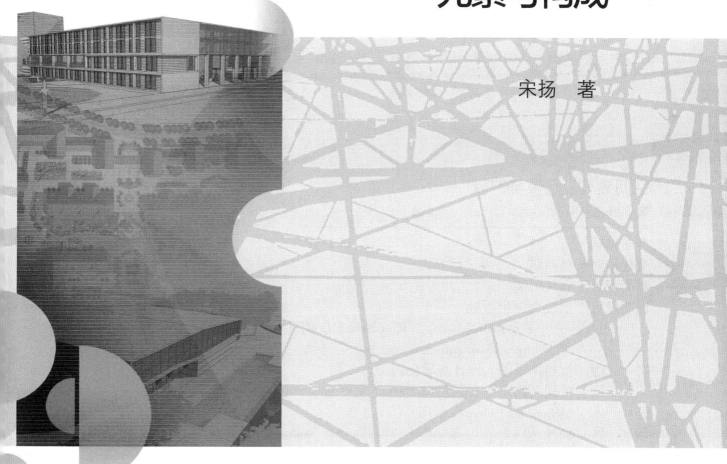

ZHEJIANG UNIVERSITY PRESS
浙江大学出版社

内容简介

本书以作者2001年至今在中央美术学院、北京师范大学、北方工业大学、四川标榜国际职业学院、浙江工业大学等院校的空间构成系列课堂教学实践的十余项课题为主线，阐述"用手工模型的方式思考"的教学主旨，并呈现相关课堂教学的个人教学思考与原创课程作品。

本书从"教"与"学"两方面展示作者的教学思路与成果，由浅至深地展示作者十余个空间训练课题，并配套有相关视音频资料。本书既可以作为大专院校相关设计专业设计基础类别的教学辅助用书，又可以成为设计从业者的自学参考用书。

图书在版编目 (CIP) 数据

空间建构：元素与构成 / 宋扬著 . —杭州：浙江
大学出版社，2022.1
　　ISBN 978-7-308-20981-6

　　Ⅰ . ①空… Ⅱ . ①宋… Ⅲ . ①空间—建筑设计—教材
Ⅳ . ① TU204

中国版本图书馆CIP数据核字（2020）第264901号

空间建构：元素与构成

宋　扬　著

责任编辑	王　波
责任校对	吴昌雷
封面设计	春天书装
出版发行	浙江大学出版社
	（杭州市天目山路148号　邮政编码310007）
	（网址http://www.zjupress.com）
排　　版	杭州朝曦图文设计有限公司
印　　刷	杭州高腾印务有限公司
开　　本	889mm×1194mm　1/16
印　　张	13.5
字　　数	389千
版 印 次	2022年1月第1版　2022年1月第1次印刷
书　　号	ISBN 978-7-308-20981-6
定　　价	39.00元

作者简介

宋扬 / 博士

先后获得中央美术学院建筑学院艺术学学士学位、设计学院艺术学硕士学位，2001—2016年任教于中央美术学院设计学院，2016年留学欧洲，获得匈牙利PECS大学建筑学博士学位，归国后任教于浙江工业大学设计与建筑学院至今。现为中国美术家协会会员、中国建筑学会会员、中国建筑装饰协会会员，高级工程师。

2001年至今先后出版《设计基础教育的革新》（山东美术出版社）、《空间构成实验》（岭南美术出版社）、《立体、空间构成基础》（中国青年出版社）、《形式构成基础》（辽宁美术出版社）、《空间构筑》（北京大学出版社）、《设计素描》（水利水电出版社）等十余种设计实践与教学专著，并先后出版《建筑的源代码》（《建筑简史》中文版，中国画报出版社）、《世界101位设计师的几何图案手册》（中国画报出版社）等十余种设计艺术类译著。

2008年北京奥运水上竞技场馆主体景观独立设计者，2009年度中国建筑学会"中国室内设计大奖赛"景观专业组全国第一名，提名共青团中央"光华龙腾奖"中国设计十大杰出青年，北京国际设计周"北京百名优秀设计师"奖，作品先后入选第十届、第十一届全国美展。

2019年浙江省首批省一流课程负责人、省级"互联网＋"课堂教学示范课程负责人。

序

　　艺术教育是从一个人的内心开始的。艺术与设计教育中对于形式语言的专业学习与应用，首先应该注重思想的启蒙与艺术素养的积淀，把自己的基础打好。

　　好的设计是由内而外从人的内心深处生长出来的，慢慢贴近我们的现实生活，好的设计不是附加与装饰。我们知道，未来的艺术与设计不会仅仅只是某一种形式、某一种流派、某一种观念，而是一种综合的体验和表达。

　　二十多年前，我从德国留学归来后，参与主导中央美术学院设计专业的建设工作，建立一个具有鲜明特色的设计学科是我们努力的方向。经过多年努力，中央美术学院的设计教育取得了显著的成果，建构了一个对中国当代艺术设计教育与研究有巨大影响力的学科体系。在设计学科建立之初，我特别强调基础的重要性。整个设计学院的教学结构如同一个扇面，扇子打开，底部是基础，支杆是各个专业，专业之间由扇面连在一起。基础与各专业的关系既独立又联通。教学的重点是底部的链接点和扇面支杆的扇面联系，这个扇面就是一个平台，是最大的一块。可以打开，也可以合在一起。强调连接的关键点与连接的面，这就是设计教学的核心。

宋扬正是在设计系建立之初入学的学生之一，1996年以设计专业全国第一名的成绩入学，随后2001年毕业，在后来成立的设计学院基础部任教十五年，工作之后在我主持的第十工作室攻读硕士研究生。无论对于教学工作还是对于学术研究，他保持了在设计学院成立之初，无论是教师还是学生都具有的那份对教学与研究的热情，以及那个时代所特有的情怀。在工作之余，宋扬积极参与设计项目，把对设计的感悟应用到课程教学与课题研究中，并把对形式构成课程、空间构筑课程的深入研究多次形成专著出版，还把教学课题与教学实践经验汇总成文献资料作为硕士的毕业课题研究论文。这次出版的设计基础教学丛书，是宋扬在设计基础教学一线工作的经验总结，呈现了一系列真实而生动的课堂实践与教学反馈图文资料。希望这次出版的系列专著，对于他来说，是一个新的开始，因为设计教育需要更多有热情的教师不断更新、不断完善、不断补充教育的方式，以应对社会的发展对设计教育提出的要求。

　　今天的时代决定了艺术教育观念的变化，我们要积极去面对。所以说，今天的教育不是建构一个坚固的堡垒，而是一个开放的空间。我们处于一个激动人心的充满变化的时代，这个时代能够激发出我们内心的创造欲望和力量。

中国艺术研究院副院长

中央美术学院博士生导师、教授　谭平

当代艺术家

课程介绍

前　言

　　设计学科的所有专业领域都离不开对空间的认知、创造与表达，从这个思路出发，我们能感受到：对空间的认知与表现是跨专业、跨领域的创造行为。教学需要不断创新，但是对于设计基础阶段的教学工作来说，教师必须在"创新"与"传承"之间找到与专业的契合点。在我看来，对教学课题的要求需要跟随科技的发展而不断创新，但是从设计基础课程知识点与未来专业的对接角度思考，课程的各个知识点则需要严谨地传承。课堂教学课题的创新与研发，就是围绕对创新与传承的思考来寻找空间设计认知与创造的平衡点。

　　浙江工业大学设计与建筑学院的"模型语言"课程（本科二年级/32课时/选修）经过四年的积累，已经有相对完整的教学思路、课程实践作品与教学网络资源。课程的教学旨在用手工模型制作的方式，结合课题的设计，有目标地引发学生对空间的认知，并促使学生对空间设计问题进行独立的思考与创造；课程力求有效地培养学生对空间的创造性思维，助力学生的专业持续发展。

一、理解"模型是什么?"

　　最初课程的教学目标是要求"通过课程使学生学会制作模型"，学会独立制作手工模型——显然这种课程要求已经无法满足计算机时代的设计实践与操作要求。那么，通过软件操作对接二维雕刻机、三维雕刻机、三维打印机的课程能满足学生的需要吗？随着计算机技术、设计软件的不断发展，实践操作的技术性要求已经一低再低，现在的主流建模软件已经接近于"傻瓜式"操作，连以前高精尖的外挂渲染器软件的交互界面也已经发展成类似网络游戏风格。本科二年级设计基础类的课堂教学需要使学生从一年级"通识艺术基础课"过渡到未来的"设计课程"，使学生了解设计的各种思维方法、解决问题的基本方式，通过动手实践感受到更多与设计发生关联的思维问题，并适当用艺术表现的方式激发学生的创造力、完善学生的自我思辨能力。2017年，"模型语言"课程教学目标逐步修订为"通过实践，使学生学会用模型制作的方式思考"。

　　在《未来已来》一书中，马云描绘了未来商业社会的基本形态以及我们应该如何应对。马云说："未来，不学艺术是万万不行的。"当大数据时代来临，一切"经验"都将化为泡影，面对计算机，人类可以区别于机器的，只有"创造力"以及赋予设计更丰富的人文色彩，否则，设计师的固化思维会

🎧 模型的作用

把设计与艺术推向尴尬的境地。世界范围内，越来越多的设计院校会用专业之间界限的模糊来应对社会的发展，并拓展学生的视野与思维宽度。在课堂教学实践中，我也尝试用艺术的融入、相关学科的关联，来激发学生对更广阔领域的专业思考，最终实现创造力的迸发。

本科二年级的设计课堂教学，针对解决空间问题的方法——无论是在教师教学还是学生学习过程中，无论是作为思维分析过程还是作为对设计结果的斟酌，模型都有无法被取代的作用，"只有模型才能最直观地呈现出比例关系、构造关系、造型关系、空间关系"，但是，通过课堂教学以及与学生们的交流，我发现学生对模型的理解往往是固化的、片面的。

模型，并不是像我们在售楼处看到的沙盘模型那样只具有单一功能——沙盘模型是仅具有仿真功能的直观视觉模型，能让客户比二维图示更直观地感受到空间形态。对于学习与研究，模型的视觉功能并不是模型价值的全部体现。而手工模型更重要的作用在于，通过空间构建的实践与感受，逐步建立空间创作的构架以及独立思考设计问题、解决设计问题的能力。

二、模型，既是构思的方式，又是学习的方式。

20世纪90年代中期，电脑软件在设计、制图领域已经开始应用。我在大学二年级时，环境艺术系的系主任是从西班牙归国的张宝玮先生，他坚持让我们用手工模型作为作业成果的呈现；当时从台湾来的客座教授易介中先生在教学中提倡先制作模型再画图纸；在空间基础课程中，崔鹏飞先生鼓励我们用电脑外置摄像头、近拍镜头深入到空间内部进行拍摄，用影像呈现空间的状态作为最终的作业成果，当时低年级的学弟趴在地上，控制用胶带缠住电脑摄像头的电动玩具车拍摄模型视频。在90年代中期，当时不到20岁的我在课堂上，也像我现在的学生一样充满疑惑：为什么要使用手工的方式？为什么很多课程要求超过了当时我对专业的认知？

现在，在课堂教学中我可以很肯定地告诉学生，空间设计最难把握的就是对空间氛围、空间状态的想象力与创造力，这种难得的构思过程像音乐的主旋律、电影的情节高潮、悬疑小说的结局一样，有可能成为整体空间创造的关键环节，没有这些，空间作品将像一杯温开水一样平淡无味。在未来，软件、雕刻机、三维打印、虚拟现实这些技术将把门槛进一步降低，结合网络大数据，将使所有设计作品的最后呈现方式更加多样化，这时，思维所迸发出的创造力将越来越会成为设计的核心竞争力；反过来说，仅仅只是将设计"完成"，很完整地呈现，这种状态的空间作品将不堪一击。

只有在学习中主动养成不断观察、不断比较的习惯，在创作的过程中结合草图，利用模型的特点"随时做、随时改、随时全角度观察"，并且随时逆向调整草图，不断在动手实践中总结空间经验、视觉经验，才能促进、推动创作思路的发展。把制作手工模型的方式作为构思的过程，意义远远超过模型所呈现的视觉结果。

🎧 模型的形态

设计，关键问题就是把故事讲好。——保罗·兰德

设计就是讲述不同的故事，每一细节都需要仔细考量。——蒂齐亚诺·武达里

在传统的建筑设计教学中，许多院校往往会开设"大师作品分析"相关课程，针对大师的设计作品借助空间设计方法论进行反推，最终使学生获得具有差异化的个人设计感受。我见过众多学校的师生，用CAD分析、用电脑建模的方式分析……尤其是二维切割机出现以后，更是受到师生们的欢迎。不可否认机器的切割能使模型的细致度、操作简便性提高到前所未有的程度，但是，当你尝试过一次手工模型，一定会发现手工制作本身对于空间、造型方式、三维造型结构的认知等方面的作用，远远超过仅仅对模型成品制作的感受，你会体会到更多的对细节的"斟酌过程"。学生在课程中反复推敲两个空间造型该如何搭接、穿插、融合、对比，这种推敲、比较的过程所体会到的空间设计过程与方法的收获，远超过"制作"本身。

三、为什么要尝试在图纸定稿之前先做模型？

对于空间的设想，往往都是从二维开始的。这不仅是人类思维的局限，更是在教学中学生的思维局限，似乎学生在学校里学到的就是"一切空间构思，从平面图开始"。我一直在课堂教学中提倡学生提出质疑，并鼓励通过不断的教学试验来验证：从二维向三维的拓展固然重要，但是，从平面图开始并不是唯一的设计方法。如果空间的创新都在平面图上，那一定是片面的、不完整的，因为人的视觉对空间最直观的感受来自空间的立面。空间是三维的表达，需要平面、立面甚至更多角度地展现、表达设计师的想法，才能让受众感受到空间的创造性。

以手工模型制作为导向的各种课题实践，会从思维上打破学生的很多"固化逻辑"。当未完成状态的纸模型呈现在学生面前，让其进行变换角度的旋转观察时，学生就能体会到：三维空间的创作，需要"全角度"地观察比较，需要"全方位"地斟酌，需要注重每个细节与整体的关系。这些直观的感受完全可以颠覆学生们对设计常识的固化理解。

对空间的认知，并不只针对某一个领域的设计，所以在课堂教学中，我经常会避免使用专业术语来比对学生的作品。现实中很多设计作品最初的概念模型也没有非常明确的功能指向，但是利用造型语言、视觉语言呈现出的作品状态，足以打动观者。模型在抛开功能、比例之后，元素、构造形成的空间具有最本质的美感与形式感，也许这就是空间与造型的最本质功能。

无论是具有想象力的宗教绘画，还是对未知建筑形态生成的探索，还是科学家根据研究需要而设定的功能形态，都显示出空间本身所具有的创造力、空间形态美感和构思的独特性。虽然这些空间形态的来源各有不同，但是作为空间形态本身，都具备了各自的空间特质，都具有空间基本的功能与视觉美感。

巴别塔的设想——彼得·勃鲁盖尔（1563）

"新巴比伦"计划——康斯坦特（1960）

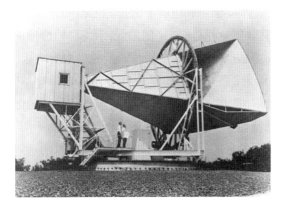

科学家针对微波背景辐射研究的天线设施——彭齐亚斯和威尔逊（1965）

四、相对于软件模拟，手工模型还有优势吗？

21世纪初，我有幸在北京三里屯看到了弗兰克·盖里目前为止在中国的唯一一次建筑设计作品的前期模型展览。当近距离看到模型中那些卡纸、瓦楞纸、木块的堆砌，透明胶带、铁丝的相连时，我可以马上从细节上感受到在创作过程中，设计师利用这些材料来记录创作的瞬间，记录中经历过很多调整与修改……我马上感受到手工模型对大师的设计过程意味着什么，也更加坚定了我的课堂教学的初衷——让年轻的学生们用模型的方式思考、用模型的方式创作。相对于软件模拟、硫酸纸草图、勾画平面图的方式，手工模型能使人更直观地感受到空间的本质，这也是唯一可以全角度观察的设计工作方式。

弗兰克·盖里的建筑模型

彼得·艾森曼的建筑模型

众多建筑师用模型表达对个体建筑与基地的关系、表达建筑的空间形态、表达比例关系，更重要的是，用具有个性语言的模型来表述个人对建筑的独特理解，空间语言具有明显的个人风格。

今天的乌托邦很可能变成明天的现实，各种乌托邦都经常只不过是早产的真理而已。——卡尔·曼海姆

模型，更多时候已经超越了自身的功能性，而升华为建筑师对理想的抒发，也是其对空间的个性化认知的结果，更确切地说，就是设计师对空间创作的态度。

弗兰克·盖里的模型，展示的不是建筑，是对"建筑精神+意象+空间"的思考，模型对于空间本质的精神、人文体现超越了模型本身的功能与视觉意义。

彼得·艾森曼的建筑模型，是对"造型+空间解构主义"的思考，切碎、剖离、颠覆……如果没有比例，在模型台上看到的是对解构主义的二维画面作出的个性化三维拓展。从视觉意义上进行更深层次的思考，我也在教学中尝试发挥这一点，把二维空间的表达与三维空间的表达相结合。

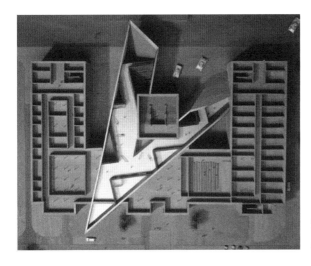

军事历史博物馆模型——丹尼尔·里伯斯金

课程的教学实践面对的是大学二年级的年轻人，对"规则"的学习远远不如"实践与体验"更真实、更直接，所以我会在课题要求中严格标注各种实践条目，让学生制作手工模型并尝试从最单纯的"空间关系"入手，尝试把手中的空间造型用加法、减法、加减法混合、正负空间混合等专业手段进行思考，他们感受到的不仅仅是设计方法、设计规律，更多的时候，是对众多设计问题的个性化思考。我特别鼓励用看起来"似乎与设计无关"的方式对空间进行推演、切割、打散、重组，并要总结出"规律"，说明白自己创作细节的"理由"。年轻的学生们刚刚经历过一年的通识美术基础课程，没有任何"设计基础"，正因为这一点，他们在课题创作过程中的思考对任课教师来说，同样是一种思维的拓展。他们的思考与社会的发展、科技的发展息息相关，从他们上交的草图里、在与他们的交流中，我发现他们创作的素材，来自众多"与设计无关"的领域——手机游戏、漫画书、神话故事、电影、音乐……他们的年龄决定了他们保持着对周围事物最敏感的洞察力，而

这些正是我作为任课教师所需要时刻补充的资源，所以，课堂教学的过程也是我自身拓展思维的过程。

时至今日，在思考空间问题时，我仍然保持着制作手工模型的习惯，我也希望能感染到学生，通过我的教学课题让他们感受到手中的手工模型并不仅仅是一些体块的组合，而更多的是一种思考空间问题的工具。

（浙江工业大学"模型语言"课程已获得2019年首批省一流课程认定、省级"互联网+"课堂教学示范课程认定。本教材获得2018年浙江省普通高校"十三五"新形态教材建设立项，此次出版得到了浙江工业大学校级重点教材建设经费支持。）

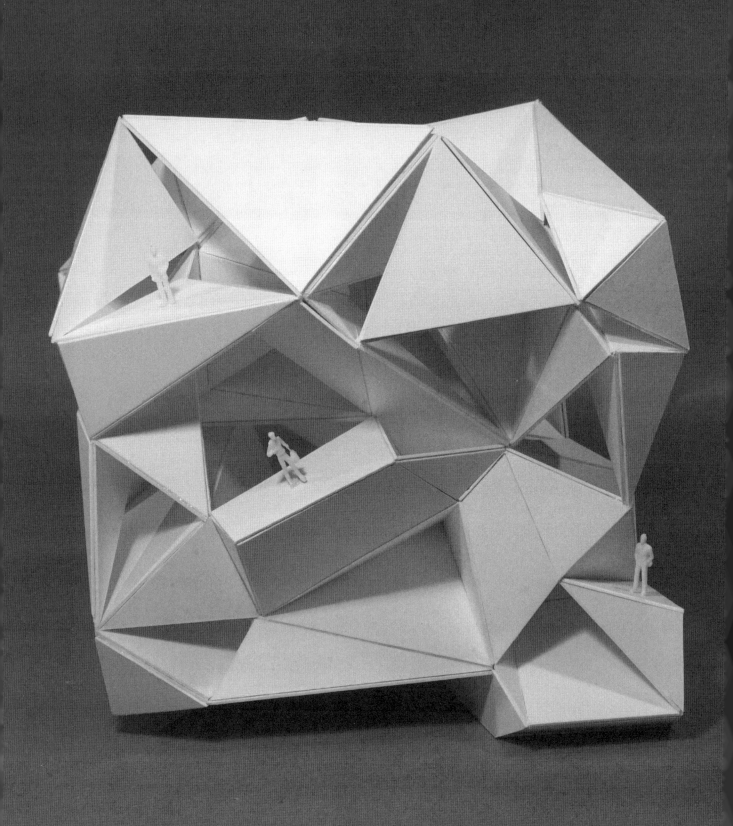

目　录

第一章　理解空间

第一节　美感不是设计的全部

设计是"for you"，艺术是"for me"。——王受之《我们的设计出了什么问题?》

设计与艺术有很大的差异，在学习中把两者明确区分，是学好设计基础课程的关键。我们既可以用艺术的眼光审视设计作品，也可以用艺术的思想衡量设计的价值。但如果以培养设计师作为目标，就要尊重"设计的标准"。

设计师不可以像艺术家那样随心所欲，因为"解决问题"是设计的终极目标。作为空间设计，我们可以用雕塑艺术的眼光来衡量建筑的造型美感，也可以用观念艺术的思想性来衡量建筑的精神价值，但是我们对建筑的居住功能要求却是必须符合设计的理性标准——力学、结构、空间、人体工学，等等。审美对于设计作品来说，绝不是其唯一的追求，从这个思路出发，明确设计与艺术的差异就有了价值。这也许是每个学习设计学科的学生首先需要思考的问题。在设计基础课程的学习阶段，明确设计与艺术的界限，更能够有目的性地把设计的技术性学习与观念性学习分开(仅仅是学习阶段的分离)，也许会使我们学习立体与空间造型的目的更加明确。在基础学习阶段，明确学习目标，就相当于节省时间、提高效率。

当我开始研究一个问题时，我从不刻意去想它漂不漂亮；但一旦我完成这项工作，若它不好看，我就知道我失败了。——巴克明斯特·富勒《"好看"的价值》

美感的价值是什么? 从"功能至上"的理论来看，美感似乎并不是最重要的，但是当设计的普遍价值已经不再纠结于"实用功能"的当下，"美感"是否也可以归于功能范畴? 美感，是否也是功能不可缺少的一部分，甚至是最重要的一部分? 它决定了受众第一眼、瞬间的感受。巴克明斯特·富勒对于设计美感的思考，可以从美感与功能的定义层面，引发出更多对设计方法的反思：对于设计师来说，美感是潜移默化的修养，似乎是伴随设计过程而无处不在的;当然，从当下使用者对设计产品的定义来反证——现代设计对于当下而言，"好看，不仅是功能，而且是很重要的功能"。

尹定邦先生在《论形和它的要素》中阐述"形"在审美意义以上的其他作用："第一，它属于人的第一大感觉对象;第二，它又是第一大感觉的内容;第三，它旁及人的其他感觉、知觉、思维与想象;第四，它又是人的客观认知媒介，通过它，人类可以认识自然、社会和自身;第五，人类可以认识形，还可以创造形，而人造形象既可以是视觉的，也可以是物质和符号的，它们都是文明的基石和宝藏。"

视觉形象永远不是对于感性材料的机械复制，而是对现实的一种创造性把握。他把握到的形象是含有丰富的想象性、创造性、敏锐的美的形象。观看世界的活动被证明是外部客观事物本身的性质与观看者的本性之间的相互作用。——阿恩海姆《艺术与视知觉》

从设计角度来看空间与形态，空间造型本身具有使用功能，空间的形态在表达美感的同时，如果能影响使用者与受众的感受、心情与精神因素，就可以完成从设计师角度赋予空间的更高追求。空间与形态语言，最终既表达出视觉美感，又传达出设计师对空间设计的精神追求，才是真正实现了空间设计的全部功能。

第二节　空间设计的基本规律

一、空间中的虚实并重

如果建筑物本身是"实体"，那么建筑物内部具有使用功能的空间就是"虚体"，往往实体决定了造型的美感，虚体决定了使用功能，在整体的空间设计中，两者应该是同等重要的。

学生会在课堂上问我关于造型与空间的各种问题，从广义设计的角度来说，也许这些问题不需要在设计的过程中思考，因为三维造型（实体）占有了空间以后，必然会对空间（虚体）产生分割，空间会随着造型的变化而变化，造型与空间就像形与影的关系，一个变化，另外一个随之变化；但是对于狭义的造型与空间的设计而言，在每一个造型中，设计师一定要考虑到立体造型空间的"虚实关系"，使其溶为一体，才是好的设计。就像每一个经典的建筑作品，一定既有充满美感的造型外观，又必然有一个结构合理的内部使用空间，建筑内与外一定具有某种关联。

从建筑设计、家具设计、产品设计等造型与空间并重的设计来思考空间的实体与虚体（造型与空间）关系，可以得出结论：造型与空间是"共生"的。

二、三维造型创作需要"由简至繁"

三维造型比二维图形的创作多了很多内容，比如需要首先掌握制图方法与规范，需要多维度地思考造型的美感与结构，需要同时兼顾空间的虚实关系，这些都是制约学生对空间深入理解的因素。

要快速掌握三维造型创作，首先需要掌握正确的制图方法并养成习惯，因为细节很重要，开始的时候养成的不正确制图习惯不仅会影响创作效率，也会在后续越来越复杂的设计过程中产生各种制图错误而影响设计质量；其次，用切割的方式，将手绘制图和实物模型（在训练课程中我会建议学生

选择黏土或者泡沫作为实物切割对象）相结合，由简至
繁地理解"立体与空间"的异同，可能是最直观地理解空
间造型原理的方式；再次，引导学生跨学科、跨领域选取
造型进行空间转换，尝试不同的构型方式——由二维向
三维拓展的方式、空间变化的方式、空间分割的方式等，
这些都是直观的、能使学生快速理解的空间创作方法。

在具体的教学实践中，"积木盒子"课题从单纯的
几何形切分与重组入手，很直观地使学生感受到空间的
生成过程与生成方式，并在创作过程中使学生能针对空
间建构方法进行有效的思考，这个课题一直作为学生进
行空间认知的基本课题。后续课题实践把基本空间加入
"可拆解"——"载物的盒子"，使学生在空间创作的基本
方法上加入"解构与重构、空间虚实转换"；"手语盒子"
使手的姿势作为比例与尺度的载体，融入空间；"巴别塔"
强调空间表达的叙事性，并把自身的作品作为整体（小
组创作）作品的一部分进行思考，强调在整体中关注局部，
在细节推敲上不要忘记整体协调，在局部与整体的换位
思考中完善空间创作。

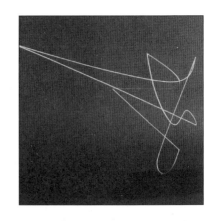

三、课堂教学需要循序渐进

从造型的简单方式开始学习，逐步加大难度，能更
迅速地进入创作状态，如：先尝试将两个基本几何造型
进行穿插组合，再把得到的各种结果进行组合，经过几
轮组合、筛选、比较，就会迅速积累空间创作经验。这样
做，往往会比一开始把整体造型想象得很复杂，再开始
动手创作更有效，因为当我们的脑子里没有足够的空
间经验，用模型或者雕塑进行手工制作，是最直观、最有
效果的方式，也是唯一一种可以随时"旋转观察"的思考
方式。

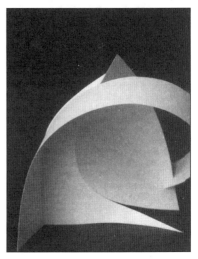

课堂上，我往往建议学生不要"想得太多"，而是用
动手取代动脑，边做、边看、边调整、边思考，用"手"带
动"脑"，快速积累空间创作经验。我想，这也是在空间
相关设计学科的学习过程中，设计师用模型制作的方式
引领思考，手工制作无法被机器制作取代的原因之一。
用手工模型制作的方式进行空间思考，是最快、最有效
积累空间创作经验的方式之一。

不要依赖"复杂的变化"使空间显得丰富——空间
感受的丰富性往往不是依赖于数量，更重要的是引导学
生针对空间维度、造型之间各种组合方式的可能性来创

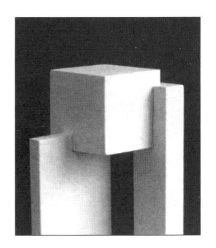

美国现代工业设计基础教学中
应用线材、面材、体块的构成作品。
用这种训练方式可以明确每一种不
同的构形元素可以构筑什么样的视
觉化的空间造型，每一种空间造型
的特点就是不同的构成元素所具有
的构形特性。

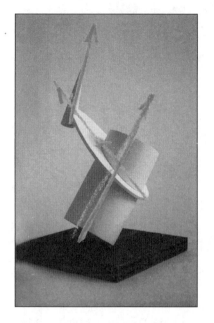

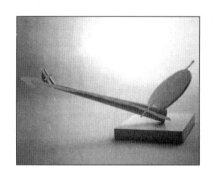

视觉的平衡感是对空间造型审美的最低要求，也是构筑空间审美的第一步。非对称式的均衡空间状态能表现视觉的张力，但是兼具视觉的平衡，就可以把构造美感与视觉美感相结合。

造空间的丰富性。从"less is more"（少即是多）的角度思考空间，空间变化不应该是"数量、元素的堆叠"，而应该是由空间穿插的巧妙、整体空间的视觉对比、与细节处理的美感所决定的（体积感、空间感、视觉的丰富性）。现代主义建筑虽然元素简约，但是空间丰富，很好地体现了——用数量最少的空间元素（几何形）表现出最丰富的空间变化（依赖于单体造型的互相组合、穿插、虚实变化等手法），是我们应该明确的努力方向。

课堂教学的过程，需要兼顾理性、真实感与美感，所以用看似积木搭接的训练，可以有效开发学生的空间想象力。理性为主导的思维方式是所有设计工作者必须养成的思维习惯，因为设计工作暗含了众多制约因素、众多功能需要，并不是图纸表达、思维想象那样简单轻松。空间与思维的真实性往往决定了设计是否能最终付诸实现，在真实作品设计中，在材料、工艺技术甚至更多因素的制约下，对空间进行以理性分析为主导的创作思考，是设计工作者应具备的基本能力。

第三节 空间训练的过程与目标

在课堂教学中，如何使学生建立以理性思考为主导的创作思路？如何使学生感受到设计规则、设计方法？这能引发一系列教师与课程之间的问题。学生通过教学课题实践，既要感受到设计方法论，又要以此开阔视野，使学习和思考得以可持续地拓展，这其中教师对于各个教学环节的把握，就成为教学实践的关键点。

在教学实践中，我感到对于规则与方法的把握，与开拓学生的思维同等重要。作为教师，在课堂实践环节对于学生的引导须遵循三个方面：

（1）对教学大纲要求的遵守——对既定规律的感知；

（2）对课题的适度发挥——与相邻学科产生必要关联的思维拓展；

（3）对教学质量的把控——对"标准与规则"的体会。

以上三点分别来自课堂实践中，对教学体系的衔接、课堂教学的趣味性发挥和训练的思维拓展。这几点因素在我个人的课堂教学实践中，同等重要。

在授课过程中，我尽量避免过多提及"专业"，比如：我很少在课堂上提到"节点、建筑、构造……"这些能让学生感受到拘束的名词，因为设计基础课程对应的学生，往往刚结束通识基础阶段的学习（我指的是普遍大学一年级设计专业的绘画相关课程），过早地让学生有"具象的、功能的"约束，会影响学生创造力的发挥。

学生在课堂上问我："老师，我可以在这个位置做一个楼梯吗？"我马上否定，学生很诧异。

"咱们的作业是做一个可以打开、闭合的盒子，哪来的楼梯？"学生马上就理解了我的意思。对单纯的空间创作来说，在比例介入之前，学生手中的作业模型可以是任何尺度的东西——一个盒子、一件家具、一栋建筑，甚至一个城市……

虽然在教学过程中尽量避免提及专业设计的指向，但是对于设计规则、设计基本方法的学习，需要用设计作品的标准来衡量学生的作品；启发学生把作业模型创作的可能性与在课堂上所讲到的设计作品进行比对；并针对学生在模型制作的过程中遇到的问题，用真实设计案例中的作品来做类型参考。学生完成作业的过程好比是参照现代主义的建筑作品在"摞积木"，看似感性的创作过程中已经潜移默化地暗含了很多设计规则。

试想一下，比例的变化可以使造型与空间变换为不同的使用功能——是不是可以作为建筑、景观、包装、装置、首饰、家具，甚至服装而存在？这就是广义的空间设计。

作为设计基础训练的造型与空间创作，最终目的是通过手绘草图、标准制图、实物模型制作等专业手段，使学生通过动手实践逐步构建空间思维体系，拓展空间与三维造型的想象力，使学生感受到正确的空间构筑方式与思考方式，为后续的设计学习提供设计思维基础。

第四节　学习过程的重点与难点

很多学生在最初接触三维造型的时候，会觉得难以入门，而立体学科的特点就是入门难，因为我们在日常生活和学习中，往往习惯于从单一的角度看问题，从固定的角度思考，而三维空间与造型的特点是创作中需要不断地转换角度进行观察与调整，如：雕塑都是在转盘工作台上完成的，设计与制作过程中的"转动"就是不断转换观察角度进行调整。

一、从"制作方法"入手，才是正确的捷径

虽然制图方式与最终作品的空间质量没有必然联系，但是我在教学中发现学生对立体造型方法的入门，可以利用尺规制图的规范促进解决（类似于推演），因为借助尺规作图的方式，可以使造型得到规范，也可以使我们思考不完整（不见得所有角度都如我们所愿）的造型借助制图的推演得以完成。经实践验证，养成良好的尺规制图习惯，是学习立体空间造型的第一步。

二、空间如何分隔，将是遇到的第二个难题

我在教学实践中发现，培养空间认知绝对不能靠"讲"——无论是图例还是实物照片，都很难被学生对空间意识有感触。很简单的方式，用可塑橡皮、黏土、泡沫，在很多个面上画上预想的分隔方式，在用小刀一切、再切的过程中，学生自然就体会到了面的搭接、二维到三维的转换、正负空间的转化等空间问题，这是很直观的学习方式。在中央美术学院设计学院基础部的课堂上，学生就使用泡沫与黏土，这种最直观的切割方式使学生迅速体会到空间生成的众多方法。这种训练方式简单有效，可以使学生快速达成对于空间基本概念的理解——如何分割空间？如何把握整体与局部的关系？面对空间创造，我们应该在实体部分去掉多少，怎样才能兼顾空间的正与负？比例与尺度的把握如何避免"琐碎与凌乱"？这些用概念无法叙述清楚的问题，都需要用"动手"的方式在实践中解决。

三、空间审美的依据，教学实践中困扰着学生

众多学生的审美感仅仅来自对绘画的短暂学习，在掌握了基本三维造型原理，并能把造型正确地构思、制作出来以后，学生们接下来都会问相同的问题："为什么我的三维造型总感觉很普通？"审美问题似乎是无法通过"讲述"来解决的，但是我在教学中尝试用对应的方式使学生理解到不同审美对象的"差异性"，这种差异性也许就是学生困惑的、纠结的、分辨不清楚的创意点。如：我把抽象几何雕塑的图片和解构主义室内空间的照片进行比对。基本的几何元素，利用搭接、穿插、阵列等形式，最终呈现为单一的白色或者单一的材料——现代主义建筑、抽象雕塑、装置艺术，众多艺术表现的视觉语言都惊人的相似，但是也有不同——雕塑创作有意义的部分是实体（由外而内的），空间创作有意义的部分是虚体（由内而外的），当讲到空间的实体与虚体、空间的正与负转化，学生往往很难从概念的角度理解，但是通过作品图例比对，就能很迅速地使学生理解空间元素、空间形式、空间语言的众多问题。

明确了三维造型与空间构成的基本方法，便可以对学生的创作给予很明确的引导。空间的视觉审美，必须依附于构造、力学、材料等而存在。

为什么众多建筑总有相似性？为什么款式不同的汽车总有着相似性？为什么服装潮流变更但是比例总是相似？这些"相似"背后，隐藏了三维造型与空间必须要符合的众多因素——构造、物理、人体工学……总的来讲，众多不同的审美取向背后一定隐藏着各自学科所特有的理性约束，而这些理性因素往往是对设计的制约，最终造成了每一个学科内独特的审美取向。

所以，教学中最直观的方式，就是把典型的空间作品进行类型划分，用比对的方式让学生看到建筑的内与外，功能与造型，工业产品的造型与手的

关系,汽车设计的流线应用与风阻的关系,就能使学生从设计的角度理解造型与空间的来源、审美与功能的联系,使学生感受到设计的"标准"。

教学的思维拓展并不仅仅是针对课程、针对作业课题,更重要的是针对后置设计专业课程的思维衔接,为学生构建针对更广泛领域的思维体系。

一方面让学生抓住空间创作的思维共性,另一方面让学生从设计的角度体会不同专业对造型与空间设计的制约,逐步树立正确的审美标准与设计标准。让学生在设计基础学习阶段,就充分体会到设计与艺术、各个设计专业之间的差异性,可以使设计基础的学习更有目标,与未来的专业学习更明确地进行衔接。

我坚决反对用"艺术或艺术家的标准"要求学生。艺术的标准与导向往往是含糊的。试问:"艺术家是教出来的吗?"无论是一味强调艺术的发挥,还是过分强调各个因素的制约,都是"危险"的,前者会让学生无法区分设计方法与游戏,后者会极大束缚学生的创造力,最终都会导致学生在学习中的盲目,必然造成时间与精力的浪费。作为教师,需要引导学生在这两者之间谨慎前行、及时调整、及时校正,才能让学生在学习的过程中有所制约、有所收获。

"多比较作品的异同",这是我的教学感悟。本科二年级学生在学习中,需要时刻关注各种差异性,各种不同思维方式的差异、各种不同风格的差异,甚至在课堂作业讲评环节,关注同学们之间作品细节的差异性,用类比的方式理解解决相同问题的不同方式,才能在学习中有所感悟。在设计基础的学习阶段,也许很多时候不需要比较对错,更需要关注的是设计过程、在设计过程中每个思考者的差异。对学生这些细节的把握与引导,可以使学生逐渐树立对空间创作的自信,帮助学生摆脱选择、比较的纠结。我深刻地体会到,设计方法、设计标准虽然很多时候无法量化,但是作为教师,一定要尽量给学生一个"暂时"的标准,否则,学生会纠结在某些细节上而无法推进。

四、点线面与空间营造

在康定斯基的论著中,把构成元素在画面中的位置考量称为"对位",而设计师在空间视觉"面"上的位置斟酌,也可以归纳为康定斯基的"对位原则"。康定斯基在包豪斯的教学中,运用各种方法来使学生体会"点、线、面"元素在二维空间中的位置原理、规范与法则,并尝试把众多视觉感受转化为理性设计原则,这一点成为大师一生努力的目标。

从构成角度考虑"点、线、面"元素的应用,与空间平面图的规划、室内设计立面图的位置考量极为相似。《建筑:形式、空间和秩序》一书中众多对经典建筑的平面图分析,抛开功能因素的制约,与字体设计的"网格系统"、版式设计的"骨格"、摄影的构图分析,甚至《设计几何学》中基于黄金分割比例的分析图极为相似。从不同的视角看相同的空间布局案例,不难得出结论:在视觉意义上,无论是三维空间还是二维空间,构成元素的形式语言都极为相似;在空间的构成形式上,设计包含了艺术以及更广泛领域的美感体现；空间设计的多元性拓展，是设计过程的必经之路。

对大师建筑作品的分析，是众多建筑院校的必修课程。其中，关键的学习方式在于"参考建筑的结果，尝试用自己的理解反推设计线索与过程"，课题训练最终要达到对空间营造有相对完整的理解——由二维向三维推导、由功能布局到空间分割、由空间营造到视觉表达……如果把空间的平面布局方式，与康定斯基的画面进行比对，就不难理解康定斯基在著作中所提及的构成方式的关键在于"对基本形态的对位"。日本的平面构成理论对国内主流的构成教学形成深远影响。朝仓直巳在《艺术设计的平面构成》中提到二维构成方法尤其在"面"的营造中，点与线对于"比例、位置、距离"选择的重要性，这种对点线面的应用准则影响了众多设计师对于"相对性——点线面是相对的、整体性——点的位置一定要与线、与面产生关联"的关注。最终，保罗·兰德在他的设计观点中表述："设计，就是完善各个元素之间的关系。"

五、理性与感性的空间构成

"一切造型、形式语言的美感，皆源于自然。"因为人是自然界中的一分子，所以人作为设计的受众，会在心理上倾向于源于自然的美感。正因为如此，众多设计师致力于"仿生设计"的研究，在安东尼·高迪的建筑细节中可以隐约感受到对生物解剖学的关注，伦佐·皮亚诺侧重于对自然形态与功能的研究，圣地亚哥·卡拉塔瓦的建筑则侧重于对生物形态的模仿，藤本壮介的高层住宅设计借鉴生物光合作用的形态有效解决了高密度小户型的采光问题，众多建筑师、设计师、艺术家都在具象与抽象之间表现出作品元素对自然的崇敬。也正是因为仿生设计的研究与发展，才拉近了机器生产与设计受众之间的距离，使工业标准化生产的空间与形态具备了"亲人性"。在构成形式学科中，有众多来源于自然的视觉规律，这些规律都可以用在空间的表现中，这些规律的运用都可以使空间充满视觉趣味。

设计与艺术有着本质的区别，但是在课堂教学中，对于设计师思维逻辑的培养，既需要像艺术家一样感性抒发，又需要像建筑师一样从各种限制中寻找出路。美国哈佛大学设计学教授玛莎·施瓦茨在接受中国大学关于设计教学方法的访谈中，指出了"思维宽度与思维深度、逻辑推导与感性创造"互相结合的重要性。在课堂教学中我也感受到，正是两者之间看似对立的矛盾，才会激发学生对空间趣味的表达。在设计基础的课堂上，学生对于空间模型创作的方式来自生活的各个细节——动画的场景、对小说情节的想象，甚至手机游戏场景的再创作，这些都应验了陈丹青先生在谈到"对于创作者来说，最重要的因素是什么？"时表述的观点："不是技艺，更不是熟练程度，也不是大家所说的文化素养，艺术家最重要的是时刻保持对周围事物的关注度与敏感度！"发现生活中看似不一样的东西，去对比、分析、解读，就能获取很多解决设计问题的方式。

理性因素与感性因素看似对立，但是在设计过程中交叉应用，往往可以

获得"守正出奇"的创作途径。我们尝试用"对立"的方式在设计的各个层面上进行思考与分析,如:

从空间营造角度出发,可以把理性与感性对应理解为"推演与创造";

从视觉表现角度出发,可以把理性与感性对应理解为"直线与曲线";

从设计过程中体会,可以把理性与感性对应理解为"推导思维与发散思维"……

密斯·凡德罗的流水别墅把现代主义建筑的几何形体——方形应用到极致,无论是建筑外型还是室内空间,都在细节上体现了几何造型的平行垂直组合,现代主义的设计风格在彼得·艾森曼的建筑设计中得到了"继承与颠覆"。彼得·艾森曼继承了现代主义的方形元素,无论是外形还是室内空间,方形元素的造型得到了空前的发挥,方形沿对角线偏移、重叠而产生新的空间,也奠定了他来自现代主义反风格的解构主义理论,几何形在他的设计中得到了重生。日本的安藤忠雄与黑川纪章在现代主义的几何造型中加入了东方元素,在他们的空间作品中,空间造型已经不仅仅作为语言出现,更重要的是表达了东方的精神,包括很浓郁的"禅"的意境。作为数字化设计的代表,扎哈·哈迪德彻底颠覆了现代主义风格的几何形语言,在他的建筑作品中,充满了"无秩序",这一点与莫夫西斯的解构主义理论相吻合,但是扎哈·哈迪德对于空间的创造性发挥,不仅仅是在建筑本身,数字化的设计也同时从设计方法方面颠覆了主流建筑风格。

解构主义的建筑第一眼看上去,空间形态似乎杂乱无章,不像现代主义建筑那样"具有规律",但是用网格方式进行比对,就可以看出其互相之间紧密的关系、隐藏在内部的逻辑。尝试用网格逻辑分析彼得·艾森曼、莫夫西斯、库哈斯等众多建筑大师的平面图,就可以洞悉隐藏在"看似杂乱无章"的线条之间的规律,而"有序与无序"本身也是一种形式语言的对比语汇,更是建筑形态与空间创造呈现出的一种凌驾于视觉语言之上的哲学思想。

六、形式美感体现的基本规律

多样统一,也称有机统一。又可以说成是在统一中求变化,在变化中求统一,或者寓杂多于整一之中。任何造型艺术,都具有若干不同的组成部分,这些部分之间,既有区别,又有内在的联系,只有把这些部分按照一定的规律,有机地组合成为一个整体,就各部分的差别,可以看出多样性和变化;就各部分之间的联系,可以看出和谐与秩序。——彭一刚《建筑空间组合论》

主与次、均衡与稳定、对比与微差、比例与尺度,这些在空间设计各个领域都可以成为思考起始点的词汇组合,马上就可以引发对于众多视觉经验的聚集,比如,草书——中国的书法构图、拙政园——苏州园林的文学气质,在每个人的审美感受中,都会在联想中触及以上归纳的视觉规律词汇。整体空间的统一与局部空间细节的多变,景观虚实变化与空间遮挡形成的"步移静异"，中国审美哲学中"疏能走马、密不透风"所形容的疏密对比，著名书法家王庸先生用"担夫让路"来形容草书的构图与布局，这些形式语言的应用，最终都以视觉规律在空间中得以呈现。

在中国的审美哲学中，经常用"和而不同、稳中求变"来形容在和谐的整体中具有变化的美感。在建筑形式语言中，现代主义建筑造型用单纯的几何造型来获得整体建筑形式的视觉统一，背后隐藏着众多来自构成学科的形式美感准则——平行、垂直、模数关系、网格结构等，实践证明，这些都是在整体和谐中求细节变化的有效方法。

追求视觉空间的形式美，必须遵循美的形式准则来进行设计。美学本身具有抽象性与复杂性，人们常将审美观念的差异、变化和发展混为一谈。应当指出，形式美规律和审美观念是两种不同的范畴，客观来看，前者带有普遍性、必然性、永恒性，后者则随着民族、地区、时代和人群的不同而生成较为具体的标准和尺度。形式美原则应当体现在一切艺术形式之中，尽管这些艺术形式由于审美观念的差异而千差万别。

第五节　空间训练与材料选择

最直观的训练方式往往能使人最迅速地进入工作状态，从手绘草图到黏土，再到泡沫，能使学生体会到二维的思维方式—三维造型方式—空间切割方式的不同，这也是很重要的三维空间思维的三种不同训练方式，同时这三种方式也是递进关系，也可以把这三种方式理解成为针对三种设计语言的课题训练。

对作业材料的选择，也是针对课题设计的制约与考虑——书中课题所使用的材料，从模型卡纸，到高密度泡沫，再到黏土，结合课题制作的特点设定作业材料，也是有导向性地使学生尝试不同的空间语言——直面、曲面、流线。泡沫的可发挥性最强，切割方式与工具相对简单，操作使用极易上手，所以课堂上进行造型制作的时候很容易使学生理解空间的丰富与造型的丰富之间的关系。

虽然泡沫使用简单，可发挥性强，但是在课程实践中也会有问题出现——学生在细节调整时"只能做空间的减法"，或者过分切割之后无法复原（或局部添加）。为了使学生获得更自由的发挥，近年来课程实践开始尝试使用雕塑泥、陶土来进行创作实验。所以说，看似很随意的材料选择，都会影响学生的课程感受，教师也应该尝试更广泛的材料，以便及时解决课程中所遇到的问题，并能利用材料的制约把课题与材料结合在一起。

在教学中发现问题，及时调整和改进教学方法，是基础教学中的积极因素，针对教学方式的改进，使学生更有针对性地解决课堂问题，更有效果地面对后置设计课程教学，这既是任课教师的责任，也是学生应对设计学习持续发展的需要。

2018年开始在浙江工业大学的课堂教学实践中，我尝试把软件编程、3D打印等技术与学生的作业相关联，这不仅仅是创作手段的更新，更重要的是，我想尝试用不同的、更广泛的造型来源、造型方式来反向促进空间教学思维方式的转变，以适应更多、更广阔的设计思维方式对设计作品呈现方式的拓展。

第六节　课堂教学问答（节选）

学生普遍的问题在于在设计思考过程中的停滞不前，往往在创作的某一环节卡住而无法推进。课堂回答学生的问题，解答的内容也许有些片面甚至有些绝对，但是我在回答的针对性方面尽可能避免"含糊"，因为要使学生在面对问题时能快速解决、快速推进。利用对主要问题的解答，使学生明确下一步的目标，以便学生能将设计进程迅速推进。

在设计基础学习阶段，对众多对知识的理解必须通过动手实践，而有效的课堂问答，能帮助学生在各个创作环节迅速推进。抓住主要问题，抓住问题的主要环节，帮助学生迅速进入工作状态。为了方便教学，从2016年开始，我将微博、微信公众号作为课堂教学的资源补充，汇总了课堂教学过程中学生普遍存在的疑问。下文呈现部分在课堂讨论过程中的问答记录，供大家参考。也许有些问题我回答得不全面，这里只力求还原真实的课堂问答对话，使学生通过对课程问题的讨论可以迅速进入工作状态。课堂教学中的问答，往往只是问题解决的开始，阅读参考书籍、查阅设计资料并进行比较，是解决设计问题的有效途径。

问：制作实物模型之前为什么需要先画草图？

答：首先，制图是必要的表达手段，是建筑设计的表达语言，必须掌握。其次，草图是基本的设计方法，是用快速的记录方式记录自己的思维过程。草图可以明确每个面，从"面"到"体"、从"二维"到"三维"是最简单、最直观的思维方式。当然，等以后解决了对空间的基本认知，可以用任何方式取代基本思维方式，当然包括各种个人化的方式。比如：解构主义建筑大师弗兰克·盖里就是直接用立体的木块叠摞、搭接，直接获得建筑三维造型，而不是从平面图开始思考。

在空间创作的开始阶段，熟悉尺规作图的方法，可以帮助我们用类似"推演"的方式，求出我们没有想象出的角度、细节，尤其在我们没有把整体空间造型想清晰的时候，如：面对一个正方体，你只要想出相对的两个面，就可以利用制图方法的推演，完成其余的面、内部的衔接。所以，用草图、制图的方式辅助空间思考，是事半功倍的。

问：为什么在空间训练中通常把正方体作为原形？

答：以建筑设计为例，正方体是最本质的空间结构，既是结构与力学的要求，又代表空间的最大化利用。作为训练方式，从正方体开始，逐步做空间的减法,最终实现空间与造型同步,可以迅速理解空间与造型的关系,理解空间内与外、实与虚的互动关系。在实际操作中,参考现代主义建筑风格,可以使空间创作更纯粹——单一材质、单一色彩(多为白色),以正方体作为空间模数,这些方法,可以在创作中突出空间语言的表达。

问:如何区分空间的丰富与琐碎?

答:琐碎是学生在初级阶段刚刚进入状态的普遍问题,细节"量"的增加确实在视觉上可以达到某种整体的丰富性,但是这种丰富性并不是空间设计应该追求的。真正空间的丰富,应该追求细节的简约与空间维度的丰富——真正做到多角度的观察,角度的不同可以达到视觉效果的变化。比如:中国园林景观中追求的"步移景异",达到角度与空间造型的互动。

问:如何快速领悟什么样的空间造型处理是符合设计要求的?

答:设计的最终目的是符合使用的需要,设计流程的每一步都蕴含技术对设计师创造性的束缚,这比较复杂,在设计基础阶段的学习中,多看设计、多分析比对不同设计领域的设计的相同与差异,可以从视觉的多角度来快速理解每个门类的设计各自所具有的基本要求。比如:比较什么样的造型符合建筑设计的造型要求(比较像建筑造型)? 什么样的造型符合雕塑的造型要求(比较像随意发挥的感性造型)? 通过比较相似性与差异性,可以感受到不同的设计与艺术类别各自对空间造型发挥的尺度与标准,这种方法比较直观。

问:怎样才能掌握空间的基本美感?

答:美的标准是无法用语言表述的,也许正是因为这一点,美的表达才会如此多元化。虽然美感的表达方式、评判标准无法总结,但是对于空间造型的基本的美感创作方式,还是有一些在教学中总结的"窍门"。

(一)对比

灵活运用"点线面",在整体构架中应用高与低、疏与密、大与小等方式进行空间的细节表现,切忌"平均",细节的组合不能平均,进行整体的多角度观察,要局部采用对比的方式才能使空间整体充满趣味。

(二)比例

细节与细节比例的和谐,细节与整体比例的和谐,可以达到一种视觉的"秩序感",这种基本的美感可以使空间立体的创作充满理性美感。在建筑设计中,现代主义建筑的构架体系充满了比例协调的美感,主要构架方式符合比例的"模数"关系,往往以"模数"关系构建局部与整体的比例和谐。在现代主义建筑细节中,设计师往往利用模数关系的变化使建筑细节成为整体建筑结构的趣味。

（三）曲线（曲面）要适度

建筑设计的特殊性，决定了典型的空间设计需要有各种理性的约束，所以造成了一种趋势——建筑的主流形式是理性的、直线的。当然，曲线与曲面的应用，是很多未来风格建筑追求的目标，以雕塑的审美衡量未来风格的建筑，是符合建筑所追求的精神价值的。从设计的角度看立体空间设计，就会明确空间造型美感的目标——追求结构的美感一定要多于追求单纯造型的美感。曲面的应用要慎重，初学者会因为曲面语言的感性特征而把曲面穿插应用在直线的构架中，甚至完全用曲面构成整体的全部，这样的结果往往会因为失去基本建筑审美的标准而难以控制。大量教学案例验证了学生对曲面的使用应该慎重，至少应该在使用曲面语言的时候时刻与整体、直线的细节保持关联，这样才能在学习的基础阶段避免很多由此产生的问题——琐碎、凌乱。避免设计元素应用过于琐碎的最好方式，就是对细节的"增减试验"，用遮蔽的方法问自己"某一个细节"对于整体来说，重要吗？当这个细节"可有可无的时候"，我们就应该毅然地做出"空间的减法"。

问：空间的基本构成方法有哪些？

答：运用三维造型的基本美学原理，可以达到基本的空间造型美感。《建筑：形式、空间和秩序》《型和现代主义》等书总结了众多源于建筑创作的空间构成形式与方法。总体来说，空间的营造方式应该以"虚实结合"为前提，以对比的形式来完善空间体验。综合以上原则，从众多建筑工具书中归纳出以下六种空间营造的基本形式供参考。

（一）统一

空间整体构建的首要特征，最终让整体空间造型成为和谐的整体，或具有"完整"的视觉感受。统一可以通过多种构成原理来获得，如通过均衡、对比、和谐、重点、比例、简洁、重复、统治、对称、尺度、节奏等形式语言的综合应用来获得。

（二）和谐

按照某种视觉秩序使局部元素与空间整体产生某种关联，用细节元素之间造型、构筑形式的相似性，达到空间整体的统一。

（三）简约

格式塔理论认为，最简单的结构最"好"。在空间构筑过程中，摒弃无谓的细节，使整体空间具有无装饰的美感，用现代主义建筑的语言使空间"简约，而不简单"。

（四）围合

这里所指的不是用造型语言对空间进行"封闭"，而是用视觉语言，结合视觉元素、心理学，使空间具有围合的趋势。比如，空间局部的开敞，并不会干扰视觉上对空间围合的感受，至于"该打开多少"才能在空间造型的开敞与视觉感受的围合中达到统一？这正是空间的趣味所在。

（五）均衡

"美的底限，在于视觉的平衡"，真正具有视觉趣味的平衡，往往不是以"对称"为前提的。通过空间元素在空间布局中的大小、位置、比例的变化，可以达到整体空间动态或静态的视觉均衡感受。构图均衡可以通过非对称式的空间布局来实现。在视觉上改变构图形状的物理属性，如形状、变化的繁简度、空间获得的光影等元素等都可以达到空间整体的均衡状态。等量的空间造型元素，依赖于相同的轴或中心点对等布局，称为对称式平衡；不同数量和特征的空间元素利用变化方式、组合方式的调节，在轴线或平衡点两端达到视觉的平衡，称为均衡式平衡，即动态的平衡。

（六）对比

使整体空间充满趣味的有效方式就是使用"对比"作为形式规律。通过空间造型局部与局部之间、局部与整体之间的差异化对比，如利用空间元素的属性变化——体积、数量、形状、繁简度、秩序、方向、连续性或节奏感的布局变化，使空间具有差异化的视觉感受，可以创造出空间的趣味。具有明确的局部与整体的对比的空间往往具有美感。空间对比是正负形互动，可以使空间具有"虚实对比"。空间实体与空间虚体的视觉平衡，不仅是空间具有趣味的方式，更是空间具有功能的前提。

在专业教学中广泛使用的参考书提供了众多以建筑空间营造方式为主导的空间构成形式，如《建筑空间组合论》《型和现代主义》等。对概念的学习需要在课程中与手工模型制作相结合，才能事半功倍。一方面运用空间构成形式进行创作，另一方面结合多角度的观察运用构成形式概念进行细节的约束与节制。在模型制作的过程中，用理论与实践相结合的形式进行课程学习，可以使自己快速进入创作状态。

问：空间形态的造型元素有哪些？

答：理解造型元素，可以结合二维形式构成语言（平面构成）来进行对照。点、线、面、体的综合应用，才使空间整体更加丰富。

（一）点

点是最基本的空间元素，可以理解为建筑的一块砖，也可以放大比例，拓展为规划设计中的一栋建筑，甚至城市中的一片区域。在平面构成中，有关于运动中的点的定义——一个点，可以作为一个中心位置而存在，点的运动可以形成线，众多点的堆砌可以形成面，从而转换为三维的体。艺术家草间弥生擅长用"点"进行创作，在她的作品中，点的大小、疏密、布局的位置，都可以使作品的视觉感受产生变化，而在她的装置作品中，对点的应用规律都转换为空间中的球体，这就是"把二维的点与三维的球体"进行维度转换的应用实例。

（二）线

在二维元素中直线、弯曲的线都可以转换为空间中的体，在空间中的修长的圆柱体、长方体都可以理解为线的应用。线可以在空间中用来连接、支撑、包围或阵列作为灰空间的阻隔，也可以表达空间的边界、表达空间的形状。线能够在视觉上表现方向感、运动感，线元素的长度、宽度、排列的密度可以表达线与面的"视觉重量"。

（三）体

面运动的轨迹形成体。体是三维的，有空间位置。形状的变化、体积的变化、组合的疏密变化，可以表达不同的视觉重量。在空间中，体往往在视觉元素中表达封闭的空间、围合的空间。空间实体，使空间创作的功能性得以体现。

点、线、面、体的综合应用，使空间构成具有变化，使空间在实用性与视觉美感两方面得以平衡。

问：怎样理解空间的"正与负"？

答：正空间与负空间是两组相对的要素：正要素——感知为形体，负要素——形体所围合的空间。形体（正空间）不能脱离空间（负空间）而存在，因此形体与空间表现为三维造型的正与负，不仅仅是相反的要素，更重要的是共同构成不可分割、相反组成的整体，如同形与空间共同构成的建筑，空间的正与负可以互相影响，并以造型与空间（建筑）的"内与外"得以表现。

问：如何进行空间的分类？

答：空间可以分为三类，正空间、负空间、灰空间。正空间是形所包围的部分。负空间是包围形的部分。灰空间是部分被包围、部分包围的部分。整体空间的丰富性必须由这三类空间的互相协调应用而产生变化。空间也可以相对地理解，而且空间的组合会使空间产生更加丰富的类型变化。

学生在学习过程中遇到的问题，一定需要非常有目的地回答。明确的回答也许会有些片面，但是当学生越过眼前的纠结再次回头看曾经遇到的每一个问题的时候，一切都会明晰。所以在我的教学经验中，一定没有含糊的回答，一定要让学生可以迅速地推进。以上这些课堂问答只是很少的一部分节选，很多时候选择和调整与学生的交流方式也是教学的重要部分，我在不断尝试与学生换位思考。

第七节　在实践中总结规律，是最好的学习方法

如果，你在无意之间，能创作出出色的作品，那么无意识便是你的道路；但是，如果你没有能力去脱离无意识创作，你便应该去追求理性知识。——约翰尼斯·伊顿

"没有实践，何谈思考？何谈感受？"

在课堂教学中给学生们几点建议，以便他们更快地进入工作状态。在

设计基础学习阶段，实践的工作量决定了感受的深度，所以对于教师来说，课题需要通过实践来不断完善，对于学生来说，各种创作想法需要实践来进行验证、凝炼。

首先，"不要多想"。

在课堂上我很注意讲课中不谈"专业名词"，只和学生探讨"如何思考立体造型、如何平衡造型的实体与虚体"，最终要求学生制作一个"既可以环顾四周，又可以进入其中"的空间实体。让学生在思考的过程中，不要过早地介入专业名词，不要过早地受到专业束缚，让学生在设计基础阶段，尽可能地打开思路。

其次，下手要"快"。

"谁说空间设计必须从平面开始构思？"通过三维草图的勾勒，缩小思维与草图之间的距离，想得差不多就可以马上开始制作模型实体，重要的是在制作过程中"边做边调整"，可以有很多的感受，这就是实体模型制作的魅力。相比软件的效果图建模，实体模型可以更直观地感受到"空间感、三维感"，并能在调整的比较中获得最直观的三维构筑经验。

再次，下手要"狠"。

"比较"是最有效的方式，脑子里积累的经验几乎为零，几乎想象不出两个稍微有空间变化的造型互相穿插组合之后的结果，怎么办？在同一个问题的节点上，尝试不同构建组合的可能性，2个、3个，当局部造型进行对接之后，通过很简单的比较，就能选择出"最适合"的造型，这也许是最简单直接获取空间构筑经验的方式。手不要懒，需要拆除局部的时候不要迟疑，尝试几次，就一定能做好。

最后，不要怕"重做"。

做好一个模型就像画好一幅画，需要在细节进行比较、筛选，有的时候，一个细节的错误，或者为了掩盖一个细节的错误，需要推演出一系列的空间构件作为补充。但是，有的时候，会很明显地感受到"错了"。错了怎么办？不要进行无谓的修改，因为我们正在经历的是设计基础阶段的学习，最珍贵的是"通过动手实践，有效进行经验的资料收集与梳理"，所以，在有限的课时内，不需要犹豫，"重做"是最好的选择！因为经历了一次山穷水尽，所以再次开始的时候，一定会感受遇到构筑经验带来的更多细节选择，手工操作也能更熟练地进行。

设计教学，是以理性为主导的工作。20年的一线设计基础教学实践使我深刻体会到，用理性的分析带动感性思维的适度发挥，可以使空间创作既具有与专业关联的实际意义，又具有符合创作需要的感性发挥。在课堂教学中，尤其是经历对于刚结束艺术基础教育阶段的学生，作为设计课程的第一环节，我就有意识地区分"艺术"与"设计"的界限、理性分析与感性发挥的界限，这样，才能使学生顺利地往专业领域过渡，使学生不是以自我为标准去完成设计工作。

第二章　空间设计作品中的形式表达

典型的空间语言分析

从设计与雕塑作品中吸取空间造型美感的创作方法，是很直接的学习方法，因为典型的设计与艺术作品往往已经暗含了很多作品特定的约束因素，如：构造、力学结构、审美方式、人体工学等，所以对典型的作品进行分析与比对，可以很直观地把作品的构成元素进行归类与比对，迅速使学生在创作过程中找到空间元素的构成参考。

"多看先于多练"，这是我在多年的基础教学中深刻总结的学习方法，学生在创作过程中会遇到瓶颈而无法突破，视野的宽度与积累创作经验的数量首先制约了学生的创造力。这时候，多"看"就变得很重要。

"看"什么？怎么"看"？立体造型最终组合成空间，是通过具体作品所呈现的美感，包含技术、科学、人文、历史等诸多因素做出的综合表达。学习中首先需要的是"看造型"，空间造型的美感是多元化的，但是无论是设计作品还是艺术作品，对于美感的体现都异曲同工，多看不同风格、不同设计门类的造型，在潜移默化中会对立体造型的形式美感有所领悟。

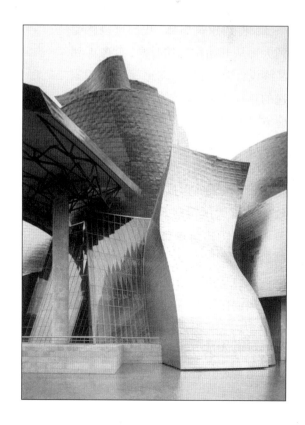

毕尔巴鄂古根海姆博物馆　弗兰克·盖里

加拿大建筑师弗兰克·盖里是解构主义建筑风格的倡导者，毕尔巴鄂古根海姆博物馆是参观者和评论家们公认的杰作。"我热爱充满激情的建筑，"盖里说，"让人们为之心动，甚至为之疯狂。"抽象的造型在盖里手中被运用得活灵活现，他的建筑被人们称为"凝固的音乐"，这也显示了在看似凌乱的建筑中用细节体现韵律与秩序的关键性。它的造型语言是曲面体，自由流畅的曲面具有雕塑的感性美，这种构造方式在建筑设计中并不是主流，所以他的作品往往是大型的公共建筑。

路易威登巴黎艺术博物馆
弗兰克·盖里

　　盖里的解构主义风格建筑可以把凝固的建筑实体赋予一种流动的美感，这是由建筑细节的构筑方式所表现出来的，看似杂乱、自由、无序的建筑，完全由各个细节之间造型的呼应，整体空间造型组织方式形成整体的统一。建筑局部的每一个单体造型之间追求"近似"，整体追求力的"递进"关系，类似多米诺骨牌的排序，最终形成整体造型力的"向心性"。解构主义建筑的美感很大意义上依赖于造型与力（力学与视觉上的力的传递）的统一。在统一中求变化，是艺术与设计审美的重要标准。

　　从弗兰克·盖里的草图到电脑效果图，再到建筑局部，我们可以感受到大师从开始构思的时候，就考虑到最终设计要达到的"动感"，流动的飘逸的建筑体块一定要依赖于局部的构建方式来完成。

　　自由的单体造型，以中心聚拢的形式组合在一起。作为结构部分的钢架，在建筑表面形成线形的分割，有效弥补了大体量建筑实体造成的细节匮乏，使建筑的细节更加充实与精致。

　　单纯从审美角度思考，用无序的造型来创作建筑理性（需要考虑很多结构、力学、实用功能等因素）的造型，本身就是充满互谬关系，而互谬原理的应用是现代艺术的主要表达形式。

瑞士卢加诺会议中心　安东尼·拉姆斯登

　　建筑师把对材料的革新应用作为设计的创意,采用模压技术制造出完全不同的建筑造型,使作为展示空间的部分完全脱离了建筑结构而存在。建筑的主体部分的视觉效果更像一个抽象的现代雕塑。把建筑的理性因素转换成雕塑的自由美感,这一点符合现代艺术的审美标准。设计师对建筑材料的创新应用,是建筑设计的一种全新的设计方法。

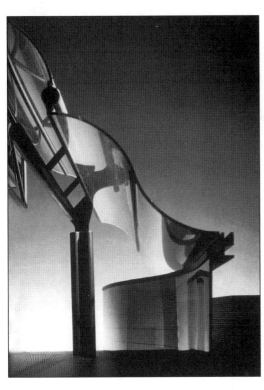

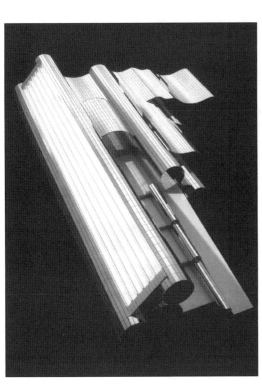

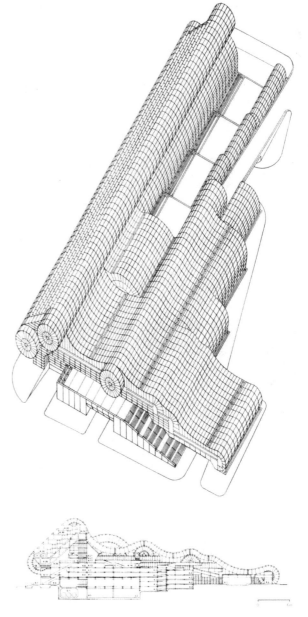

皮欧神父教堂　伦佐·皮亚诺

　　法国建筑大师伦佐·皮亚诺致力于创作"仿生建筑"，他的建筑作品都与生物形态有某种关联。皮欧神父的传奇经历吸引了成千上万的朝圣者，皮亚诺按照一个鹦鹉螺壳的螺旋线结构调整每个支撑结构的造型。在这种新颖的穹顶下，朝圣者很自然地会感受到空间建筑造型与精神信仰的神秘关系。中心放射形的造型，使整个建筑充满一种"向心力"，中心放射的建筑构架使建筑细节具有精密的秩序感。

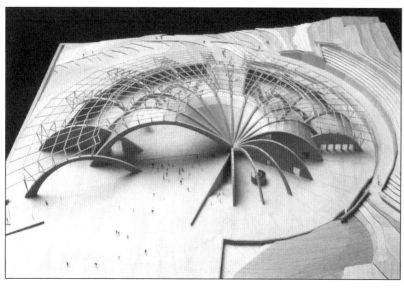

南加州海滩住宅　理查德・迈耶

　　迈耶是现代主义建筑的设计大师，他的建筑设计作品造型简洁，大多是用白色作为外观色彩。平行垂直的方形构架使建筑的局部与整体关系紧密，建筑立面充满了线与面、疏与密、实与虚的形式对比，极具构成感。光影变化在建筑立面的表现上锦上添花，使立面具有了更多的黑白灰层次。建筑的局部细节充满了变化，室内的构造沿用了建筑外观的风格，使建筑由外而内，风格和谐统一。

　　建筑立面的重叠、点线面关系，类似于蒙德里安的立体主义绘画，建筑立面的纵深感表达，借助于空间造型的美感而得以表达，现代主义建筑所要表达的结构美感，实际上就是在建筑不同角度、不同立面，用三维空间造型语言表达立体主义绘画的二维构成美感。

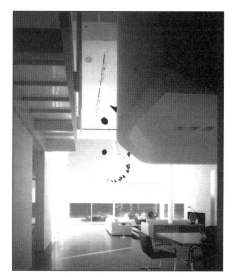

建筑局部 圣地亚哥·卡拉塔瓦

西班牙建筑师圣地亚哥的建筑很有空间造型特点，他把来自动物骨骼式的生态建筑结构用建筑构造的语言表现出来，赋予钢结构建筑以生态的美感。他的建筑构造往往采用单一结构形式，用阵列的方式完成建筑整体。最终的建筑形式很有视觉张力，又具备结构的精密感与稳定感。

建筑师把来自生物的感性美感，用钢架结构的建筑表现得淋漓尽致。繁复的建筑结构，成为建筑形体美感表达的全部，利用科技与力学结构的理性语言，充分表达了建筑师对感性美感的独特理解。

把来自动物、植物的审美体验应用于工业设计，是越来越多设计师正在致力研究的。随着工业技术的发展，设计已经几乎没有边界，这时候越来越多的设计师注意到工业生产的痕迹已经使产品与人的距离越来越远。所以，在当代设计中，生态风格的设计越来越广泛出现，来自生物的形态与造型，使工业化生产的产品更加具有亲人性。

韩国太阳大厦 莫夫西斯

莫夫西斯的作品突出形体的层次感，反复用点线面在形态中制造对比。太阳大厦被一层铝网围住，成为建筑的"第二层皮肤"，整个建筑表面设计处理挣脱了只注重实效的设计理念，使建筑具备了某种更诗意的、更抽象的设计感，体现出默菲西斯追求的解构主义建筑风格。看似凌乱的碎片包裹成建筑的第二层实体，形成灰空间，在建筑的实体部分与周围的环境之间形成很好的过渡，最终达到融合。

莫夫西斯的建筑充满了像摇滚乐一样"混乱、冲动"的造型元素，看似随意的造型语言背后有理性的建筑结构作为补充，使建筑最后得以建成，这种理性与感性互相融合的美感表达形式只有通过建筑语言，才能得以表达。

克劳福德住宅　莫夫西斯

　　这栋私人住宅的设计是莫夫西斯的代表作品之一，平面图的几何化处理使立面显得更加具有构成感，秩序的几何形与线的构图在既定平面上创造出重复的、有节奏的分割，这些分割通过虚与实的关系为建筑与环境的结合提供了新的可能。设计的平面图具有构成主义绘画的美感与秩序感，点线面的综合应用极其富有构成趣味，使我们可以联想到康定斯基的构成主义绘画。

萨米托尔一号建筑　艾瑞克·欧文·摩斯

　　萨米托尔分为两部分，一号建筑为办公建筑。摩斯用独特的不规则的造型，为建筑创造出奇特的视觉效果，仿佛把建筑的剖面展示在使用者面前。把建筑的外表皮切开，展示建筑空间的内部剖面，是摩斯惯用的建筑表现语言。他在设计中大量运用建筑的"缝隙"来展示空间内部与外部的关联，使建筑更能体现出结构的穿插组合所具有的解构主义美感。

52度海登大厦　艾瑞克·欧文·摩斯

　　为 I.R.S 传媒唱片公司设计的大楼从内部看起来很复杂，从设计角度上看，建筑细节充满了对比——虚实对比，材料对比，结构对比，形式对比。对比的大量应用提高了整体空间的丰富性，使建筑外观呈现出结构的丰富美感，无秩序成为细节与整体得到统一的构成前提。

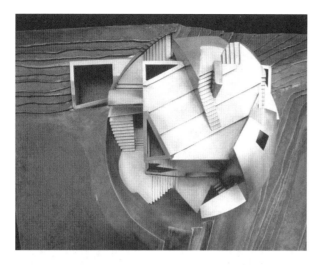

阿罗诺夫住宅　艾瑞克·欧文·摩斯

　　建筑位于圣摩尼卡自然保护区，周围是美丽的森林，建筑的造型无论对主人、员工、客人，还是对孩子们来说都是一件有趣的玩具。楼层的构造和窗户的形状最大限度地保证了观景的需要。这栋建筑"摇摇欲坠"地建在山坡上，摩斯称它为"稳定的不稳定体"。建筑的表面具有一种剖面的美感，透过建筑的空隙可以洞察到内部结构的穿插组合，这种美感的表达方式极具反叛意味。

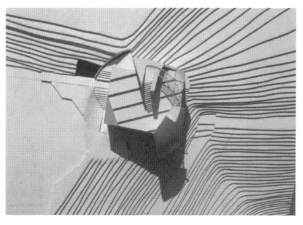

阿诺夫设计与艺术中心 彼得·埃森曼

埃森曼与弗兰克·盖里都是结构主义风格建筑的积极倡导者，这座建筑的形式来自地形曲线和现存建筑的外轮廓，通过计算机手段，在平面图中得到序列性线的排列，充满节奏感。阿诺夫设计与艺术中心建成之后成为相关学科建筑的楷模。埃森曼说："就这个项目而言，我们必须要对建筑物的概念重新定义才能建造一座能容纳充满创造精神、具有时代感的各种活动的房屋，这就是我们的创造！"埃森曼惯用直线语言作为建筑的构成元素，他的建筑细节充满了方格的模数，通过数学意义的模数倍数重叠，最终完成整体建筑的空间造型，获得一种基于数学的理性秩序感。

巴塞罗那现代艺术博物馆　理查德·迈耶

　　迈耶是著名的现代主义建筑大师,他惯用简洁的色彩配合简洁的形体作为建筑的表现元素,以直线为主的元素配合大块面的几何分割,使整体建筑充满现代主义建筑的典型风格。丰富的空间造型美感来自最简洁的构造方式——垂直、平行,基于方体的构造方式本身就具有一种理性的秩序感,白色是现代主义建筑惯用的色彩,用色彩的简洁,更能显示出建筑本身所具有的空间造型美感。

正方体的构造研究　彼得·埃森曼

　　埃森曼的建筑语言充满了正方体的元素，重叠、穿插、模数复制，这些手法使得原本很单纯的正方体结构呈现出复杂多变的视觉效果，最终获得的建筑外轮廓造型也许是很复杂的，但是通过内部构造的分析，我们不难感觉到埃森曼建筑语言的单纯性和结构变化的丰富性，这就是建筑所具有的独特魅力——复杂与单纯可以同在。

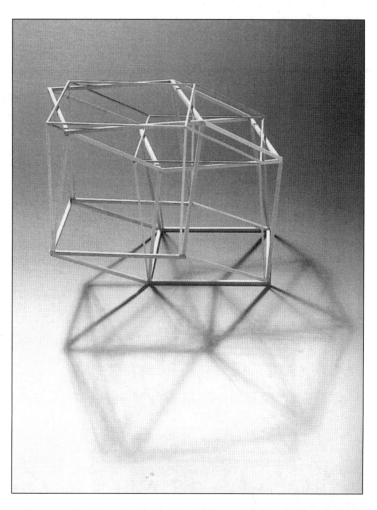

二号住宅　彼得·埃森曼

　　二号住宅是埃森曼的代表作品，也奠定了他的建筑语言与建筑理念。建筑的外观极具构成感，最简洁的建筑语言结合了最简洁的白色，使建筑细节充满了构成变化，直线、平行、模数、尺度形成一种空间的秩序感。埃森曼的建筑内部同样使用了简洁的造型美感结合建筑构造的碰撞感，几何的美感与构造感形成一种独特的构成变化。

　　埃森曼的设计"内外"有着紧密的关联，在课堂教学中，我经常把建筑外观与建筑的室内环境比喻成"人的表情与内心"，空间设计的内外应该是贯穿始终的，可以一应而就，也可以内外相反，但是建筑表皮的结构一定要与内部的空间变化进行某种关联。

建筑局部 / 家具 / 鞋　扎哈·哈迪德

　　扎哈·哈迪德用计算机编程运算的方式获得了建筑空间造型前所未有的美感体验,这种新的审美体验与信息和科技的发展息息相关。她与意大利著名品牌香奈儿合作,推出扎哈·哈迪德品牌,涉及家具、日用品、服饰领域,获得了商业的成功。仔细观察建筑、家具、鞋的设计语言,我们不难看出其中空间造型方式的相似性,也许这就是"扎哈风格"。空间造型语言、构筑方式可以通过比例的变换而适用于任何三维领域。

曲面的建筑内部　扎哈·哈迪德

　　扎哈·哈迪德是为数不多的杰出女建筑师，她的建筑设计借助计算机运算与编程，制作出出乎意料的惊人空间造型。她的建筑细节美感很难用语言形容，因为这是前所未有的设计方式。用计算机编程与运算的方式，使建筑空间造型的感性与理性相结合。

　　建筑师借助计算机编程的方式，获得了亨利·摩尔雕塑般的感性造型，把创作的随意性与建筑设计必须符合的工业标准融合为一体，使建筑的空间造型同时具有了艺术与工业的美感。

歌舞女神 克莱门特·米德摩尔

疑问之魔杖 里拉·卡特津

Dorion 布鲁斯·比斯利

　　雕塑作品中的形态创意相对建筑而言，显得更纯粹、更感性。因为受各种因素制约，建筑的形态更注重平衡、稳定的理性美感，而这些制约因素在雕塑中都不存在，这就使雕塑的美感表现更加随心所欲，点线面的空间应用更加灵活自由。

　　抽象雕塑中的造型元素更加容易借鉴，因为没有具象因素对视觉的束缚，所以造型的点线面、构成元素、造型美感在抽象雕塑中形体的表现完全可以和其他门类的空间造型进行比较，也更容易感受到空间造型本身的视觉表现力。

 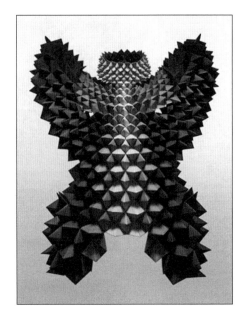

概念服装　桑德拉·帕兰德

　　瑞典女设计师桑德拉·帕兰德的概念服装已经脱离了狭义的服装设计领域，完全把服装与人的关系理解成为装置与载体的关系，这使得她的服装设计理念得到大幅度提升。虽然她选择的材料都是织物范畴，但是最终所表达的视觉效果完全具有艺术、装置、雕塑的审美特征。在某些设计领域，空间造型必须依附于材料才能得以实现，比如：家具设计、首饰设计、服装设计等，单纯的空间造型是无法完成最终的作品呈现的。在这些设计领域中，对材料属性的认知必须考虑在空间造型之前，这就是设计的特性——必须以材料与技术作为最终呈现的前提。

　　通过对比和分析，很容易感受到设计与艺术在空间造型语言应用方面的相同与不同，可以从视觉角度感受到建筑的理性思维与其他类别设计、雕塑艺术的区别。空间造型作为建筑的第一语言，有很独特的表现特征，也同时受到设计各个方面的因素制约。所以，在接下来的学习中，需要时刻体会建筑设计的特殊性，用专业的眼光观察与创作，才能够逐步提高眼界，在实践中缩小手与脑之间的误差，避免基础课的学习与未来的专业设计课程脱节。

第三章　空间元素的语义表现

第一节　空间元素的归纳

空间造型元素包括点、线、面、形、色彩、肌理等，从造型元素的空间造型角度考虑，可以把造型元素归纳为点材、线材、面材（板材）、体块等，其中线的密集排列造成面，面的重叠造成体，三维形体和色彩、质感（肌理）等，互相配合就可以表达出综合的空间造型形式，传达出设计师对建筑、室内设计、工业产品等空间造型的审美特征。

一、点

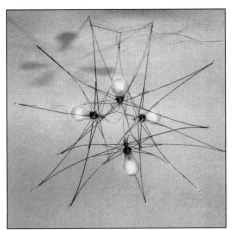

在整体的空间造型元素中，点线面是相对存在的，如：点可以作为独立的最小体积单体元素，也可以排列成线，也可以阵列成为面，把单一体积的点比例放大，可以成为整体的造型或整体构成元素中的块材。点的排列间距变化、排列过程中的体积大小变化、疏密变化可以表达整体的韵律、节奏等空间概念。从构成的角度理解"点"，决不能把点的概念狭义理解，因为构成元素可以通过比例尺度的变化达到自身的点—线—面—体的转换。

二、线

线在造型范畴中，分为直线、斜线、曲线，也可以通过更加感性的理解分为人工的线、几何的线和自然的线、有机的线等。

直线

线的最基本表现方式是直线。把直线纵横地组织起来或水平和垂直地组织起来所形成的空间是最基本的，也是最容易进行视觉化处理的。直线本身具有某种平衡性，视觉上的直线很容易在视觉上达到平衡，从而表达最基本的空间造型美感。但是，在自然中往往是没有直线的。直线是人们设想出的抽象的线，所以直线具有纯粹性（即表现的纯粹性）。在设计语言中，直线虽然能发挥巨大的作用——如平衡、对称的基本表达，但在任何时候它并不能成为整体设计中最重要的元素。在空间造型的整体表达中,若直线过分明确则会产生视觉疲劳感,所以空间设计中,常用直线作为基本的空间造型表达,用局部的、少量的曲线对空间造型整体进行调和和补充。

曲线

曲线不像直线那样易于运用,曲线根据其方向性和曲线自身的差异,可以表达不稳定、流畅、渐进等视觉感受。所以,曲线表达超过一定限度时,整体表现的目的性会产生力的含糊不清,并有纠缠不清的视觉感受,所以曲线在整体的空间造型的表现过程中,需要时刻考虑整体性,并依靠局部与整体之间的关联性(比例、尺度、模数等方式)解决局部与整体的统一。相对于曲线,直线可以更简约,但直线所表达的视觉语言比曲线单调很多。人类的视觉审美倾向往往是从"理性"走向"自由",人的审美本能总想从紧张中解放出来,并意图获得视觉的稳定感,这就是人的审美向往曲线的原因。流畅的曲线可以表达一种优雅、浪漫的情感。

感性的线

人工的线和自然的线。设计中考虑用线作为构成元素的时候,很多情况要把它分为人工的线和自然的线,这里人工线是指数学线,如:圆、按照比例分割连接形成的曲线,是从许多自然的线中和从人们的理论中得出的特殊线,因此在设计时其并不仅仅表示一个性质,因为这些线的来源往往可以表达某些(视觉所联想到的)特定造型的一部分。自然的线则是自然界中的生物造型产生的线或是人们随手自由描绘的线,在设计中用到的线往往一种线只与一个视觉造型有关,而自然线则具有多样性,人们在其中发现舒畅的情感与自然界生命的活力。在设计作品的语言中,如:数学线(理性的线)过多时,作品虽然单纯,却是人工制作的,往往忽视了人的感情表达而显得离人越来越远(现在设计中有很多类似的案例,用设计元素所带来的人们对自然形态的联想,而赋予工业产品以自然特征,最终达到工业产品的"亲人性");自然线过多则纠缠于感性,又易过于随意而忽视了理性元素而显得泛滥,且缺乏时代气息。在众多成功的现代设计作品中,往往感性的线与理性的线穿插应用,使对比的元素贯穿整体,构成语言的应用与设计作品的审美表现互相关联。

斜线

斜线具有特定的方向性和动势(力的传递)。从视觉语言角度分析,斜线比直线更明确具有特定方向的楔入力。因此,斜线在整体空间造型中配合水平线和垂直线,可以(通过对比)

彼得·艾森曼的建筑语言以方体的空间组合作为第一语言,空间的组织单纯而统一。用线材与面材的组合表现出空间构成的视觉美感。

构成主义的绘画与解构主义的建筑从功能方面考虑完全不同,但是从视觉语言角度却又具有极大的相似性,如:蒙德里安的绘画与彼得·艾森曼的建筑立面对比,这一点说明了空间形态的构成语言可以随着比例与尺度的变化、功能的不同来进行视觉语言的转换。两者在元素之间进行的空间构成,视觉意义是相通的。

(上页左图)点作为设计元素的造型设计,均匀分布阵列的水晶,形成一种整齐的节奏感,与面部起伏的结构形成一种和谐的对比。

俄罗斯艺术家由雨伞结构而萌发的创意,线的元素既是整体的结构部分,又是整体主要的线形表现元素。

阿玛尼旗舰店的室内设计由自由曲面体组成,室内大体量的白色形体围合成室内空间,与轻盈的深色服饰形成强烈的视觉对比。

表达更明确的秩序感，也可以干扰整体的秩序感以获得整体更灵活多变的视觉感。斜线具有生命力，能表现出生气勃勃的动势；另一方面，在平行垂直作为直线语言统一的空间里，也可以作为整体的调剂适当运用。空间造型设计的视觉与审美基础是重力最终达到的视觉平衡，所以使用斜线时，斜线产生的运动或流动，只有在重力和支撑力平衡范围内，才能灵活地适量应用。

三、形态

空间形态，可以理解成为二维造型（视觉形象）或三维造型（实体），同线一样也有人工的、数学的和自然的、有机的之分。造型产生的体积可以通过虚实转换，生成空间与造型的（空间虚体与空间实体）的转换。线的要素是单一的，可以分为直线和曲线、人工线和自然线等，而形由线和面复合而成，其构成元素可以无限地增加，特别是在自然形态范畴中更能体现出造型的感性因素、造型与功能的统一。形，无论抽象与具象，无论对设计师或是对受众群体来说，都依赖于对具象形象的联想而产生更广泛的审美想象力。可以把中国传统美学的"少即是多"，理解成为抽象造型更容易激发观者更广阔的想象力空间。

从空间形态中可以感觉出某种性格和气氛，可以把从"看"而获得的审美称之为视觉美感。每一种造型都会有不同的审美趋势，在现代设计领域也有很多从视觉角度划分的审美形式而影响的设计风格——比如现代主义风格，大量依赖于正方形的比例应用；结构主义风格，大量使用违反理性美感创造的看似随意的折线、曲线进行空间的创作；未来主义风格，把来自于雕塑的更加感性的造型依赖于高新科技的建筑构造得以实现。视觉角度对造型的理解是不满足于理性的基本美感的，各种造型的变化可以使视觉审美更丰富多样——卷起、弯曲的形状有优雅而纤细的感觉，棱角的形状则有力量、尖锐的视觉与心理感觉。这些感觉是人们把个人化的特殊经验掺入对形状的视觉审美的结果，充满了对造型认知的视觉概念与过往的经验，而共同形成了对形状的全新认知属性。

高技派英国建筑师诺曼·福斯特是现代建筑设计最杰出的建筑师之一，普利策奖获得者。他跨界的游艇设计也获得广泛赞誉，由建筑师成功设计的工业产品案例在建筑设计界很多，这也证明了对空间的设计理念与风格是没有领域界限的，比例尺度的变化可以使设计成为不同领域的设计产品。

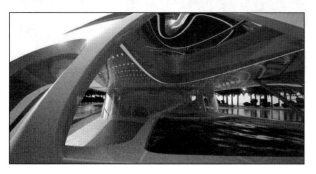

第二节　形式美感体现的基本规律

多样统一，也称有机统一。又可以说成是在统一中求变化，在变化中求统一，或者寓杂多于整一之中。任何造型艺术，都具有若干不同的组成部分，这些部分之间，既有区别，又有内在的联系，只有把这些部分按照一定的规律，有机地组合成为一个整体，就各部分的差别，可以看出多样性和变化；就各部分之间的联系，可以看出和谐与秩序。——彭一刚《建筑空间组合论》

主与次、均衡与稳定、对比与微差、比例与尺度，这些在空间设计各个领域都可以成为思考起始点的词汇组合，马上就可以引发对于众多视觉经验的聚集，比如，草书——中国的书法构图、拙政园——苏州园林的文学气质，给每个人的审美感受中，都会在联想中触及以上归纳的视觉规律词汇。整体空间的统一与局部空间细节的多变，景观虚实变化与空间遮挡形成的"步移静异"，中国审美哲学中"疏能走马、密不透风"所形容的疏密对比，著名书法家王庸先生用"担夫让路"来形容草书的构图与布局，这些形式语言的应用，最终都以视觉规律在空间中得以呈现。

在中国的审美哲学中，经常用"和而不同、稳中求变"来形容在和谐的整体中具有变化的美感。在建筑形式语言中，现代主义建筑造型用单纯的几何造型来获得整体建筑形式的视觉统一，背后隐藏着众多来自构成学科的形式美感准则——平行、垂直、模数关系、网格结构等，实践证明，这些都是在整体和谐中求细节变化的有效方法。

追求视觉空间的形式美，必须遵循美的形式准则来进行设计。美学本身具有抽象性与复杂性，人们常将审美观念的差异、变化和发展混为一谈。应当指出，形式美规律和审美观念是两种不同的范畴，客观来看，前者带有普遍性、必然性、永恒性，后者则随着民族、地区、时代和人群的不同而生成较为具体的标准和尺度。形式美原则应当体现在一切艺术形式之中，尽管这些艺术形式由于审美观念的差异而千差万别。

浙江工业大学"模型语言"2019课题实践空间组合作品

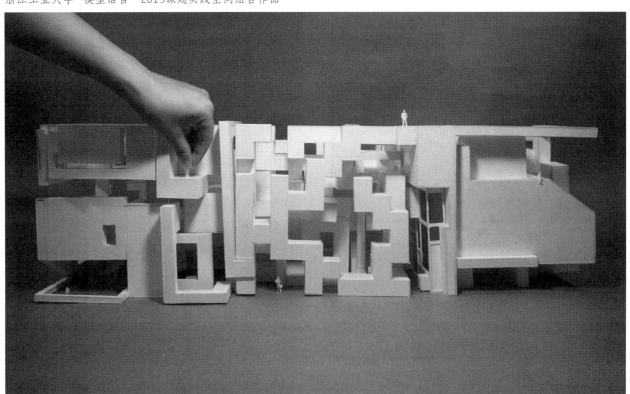

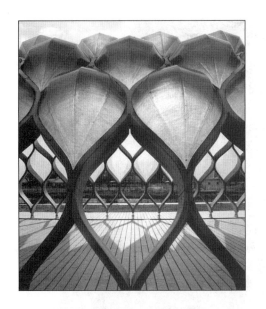
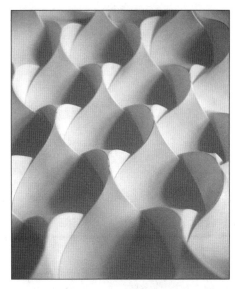

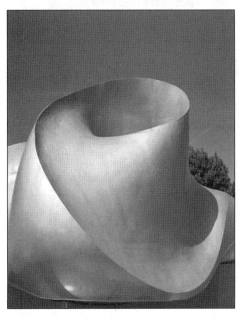
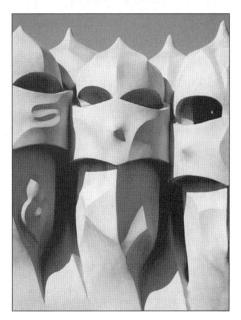

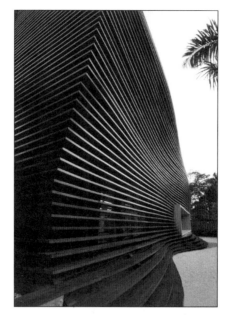
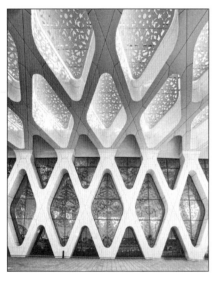
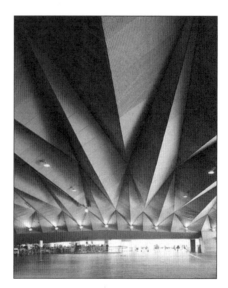
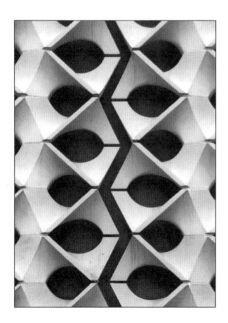

无论是来自于折纸的感性造型，还是来自于自然形态的仿生造型，还是借助于计算机编程而获得的数字造型，都仅仅是获取方式的差异，最终设计师设想获得的美感都是异曲同工的。

这些设计的局部来自于扎哈·哈迪德、诺曼·福斯特、圣地亚哥·卡拉塔瓦、安东尼·高迪、弗兰克·盖里、菲利普·斯塔克等，当我们忽略建筑造型、产品造型的门类之别，去单纯看待空间造型所表达的美感时，空间造型完全可以脱离艺术、装置、雕塑、建筑、设计而独立存在，完全可以忽略质感、色彩而以黑白形式存在。当把空间造型单纯地从空间整体中抛离的时候，就能感受到空间的本质——除了空间虚体与实体的转换、空间造型的互相穿插组合，一切都不重要。空间造型最重要的，就是空间形体的"碰撞"。

设计中的造型与材料应用是无法分离的，同一个造型赋予不同的材料，可以获得完全不同的质感与视觉效果。所以，空间立体造型学习的最后环节，需要把造型与材料的对应效果进行研究，这样学习的结果，可以尽可能在设计的过程中，缩小造型设计与建筑实现之后的真实效果之间的差距。

第三节　空间与造型的互动

　　在以建筑为主导的讨论中，把空间的形式定义为：三维造型的内部结构与外部轮廓以及整体结合在一起的原则。形式通常是指三维造型元素与空间的互动关系。

　　在《建筑：形式、空间和秩序》一书中，作者把造型定义为形状（shape）、尺寸（size）、色彩（color）、质感（texture）；把造型依据位置（position）、方位（orientation）、视觉惯性（visual inertia）等形式原则做出的组合称之为"空间（space）"。这正是从建筑的空间构筑方式角度，说明了空间与造型的互动性。

　　建筑的空间通过造型实体的不同消减方式得到呈现，空间实体与虚体的互动正是造型与空间的互动，空间实体的消减部分实现了空间，不同的消减方式得到了不同造型的空间。在空间的变化中，空间消减的部分与空间叠加的部分形成了建筑实体的外轮廓，这种视觉意义上的外轮廓，就是我们视觉意义上的建筑造型。

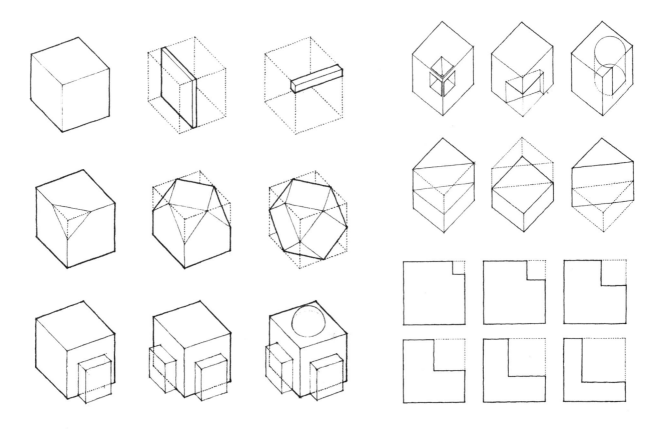

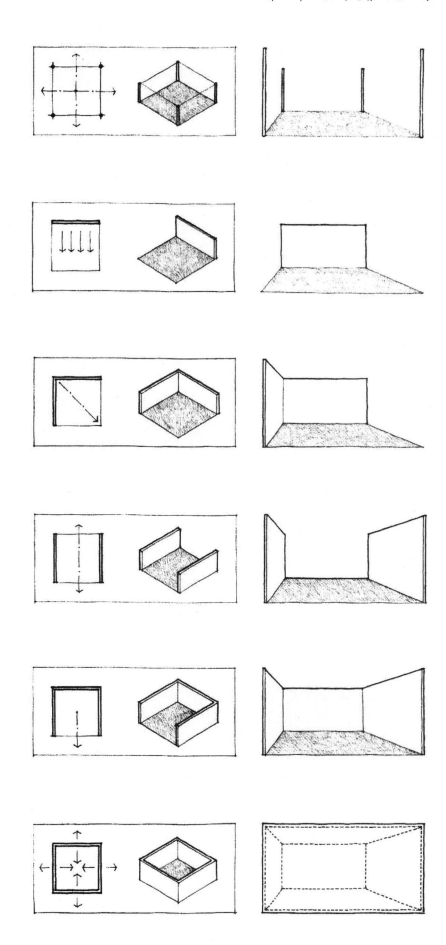

通过空间造型元素"面"的限定，获得的不同空间。不同的空间呈现出不同的使用功能，比如：稳定的空间、流动的空间、有方向的空间、开敞的空间、封闭的空间。正是空间中面对空间的分隔，使空间具有了功能。

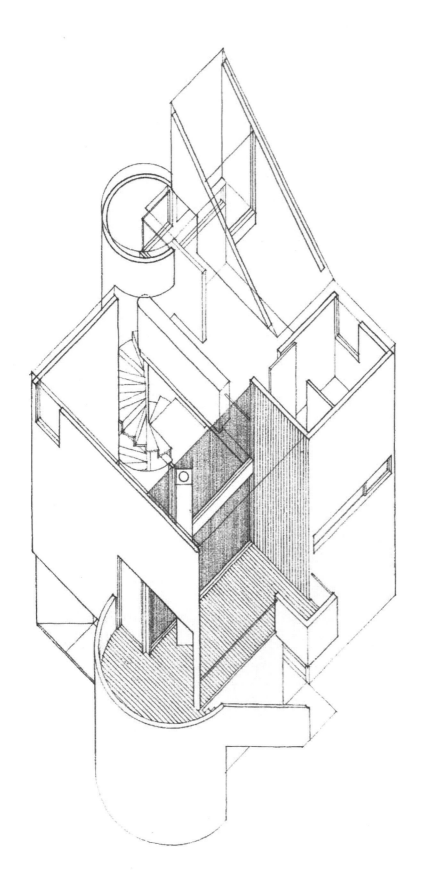

1967年由格瓦斯梅·西格尔事务所设计的格瓦斯梅住宅（Gwathmey Residence），就是典型的通过造型实体与空间的不同增减方式获得的建筑造型。几何形的分割与重组，既实现了造型的变化，又实现了建筑空间的功能要求。

　　空间不同的开敞方式，使空间各元素之间的关系更加丰富，比如真实空间中，窗户的位置、门的位置、门窗与墙面的比例、位置变化所带来的空间与空间之间的关系变化，这些都使得空间的视觉关系更加复杂，也更加符合人们对于不同空间功能的要求。

　　在实际的建筑设计中，正是设计师利用空间构成形式的变化原理进行空间与造型的互动，才使真实的建筑空间形成更丰富的功能与视觉效果。造型的变化使空间丰富，空间的增减方式使最终建筑的外轮廓更加多变，正是造型与空间的互动，使建筑的形式与风格不断地演变。

　　以建筑对空间的定义为主导，环境设计专业的空间设计教学更加强调物理空间的构成与受众之间的关系。空间可以有文学性吗？可以从相关专业的创造中汲取灵感吗？空间可以赋予精神性吗？众多课题的实践与研究，把空间构成从建筑学的定义中剥离出来，赋予了更多文学色彩、叙事性与视觉效果。

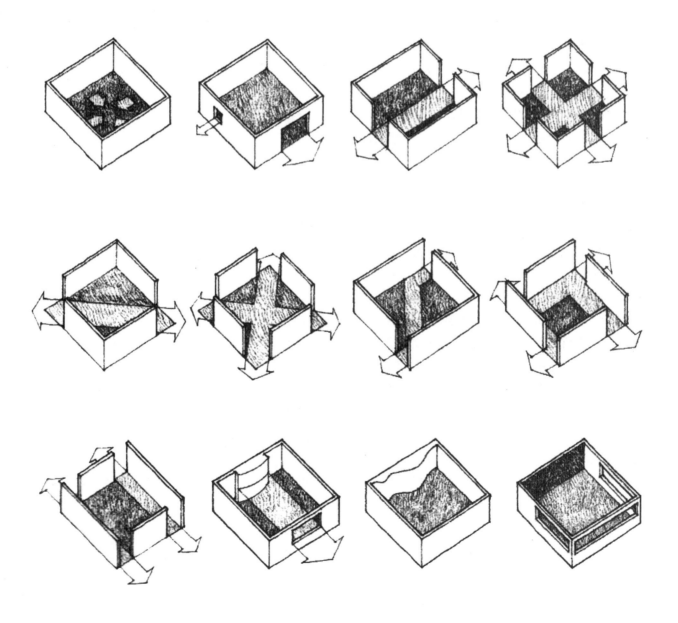

第四章　课题训练的序列设定

空间构成的课题实践

如何理解每个单独的课题的设置？基础课教学需要循序渐进，每一个课题侧重一个知识环节，课题的序列衔接就能解决空间设计的所有设计问题。所以，基础教学的知识点应该是对应"序列"关系的，课题针对性需要有侧重，课题的设置需要承前启后。把众多基础知识在某一个课题中综合解决——至少这种教与学的方式在设计的基础课程阶段是事倍功半的。

针对建筑、空间设计的相关专业（建筑／室内设计／景观／家具设计／工业设计等），知识点的序列性应该建立在从设想到构建、再到完成的过程基础上，一步步地把思维构建完整，直至完成最终的作品实物。在基础课题中的制图—造型—空间—材料系列课题的实践过程中，学生体会到的是从思维到构建（建造）的过程。

一、三维形态与空间

造型与空间的思维过程是一个复杂的过程，从立体构成、空间构成的角度来总结——一切造型审美来源于自然，这是形态审美取向的重要标准——无论是来源于自然的形态还是来源于人工的形态，都是以自然的形态赋予审美标准与价值。工业设计中的"仿生设计"，用视觉化的美感形式统一了使用者对于工业产品与审美心理的距离，使人性化的审美标准贯穿于工业生产与设计的标准中。在建筑设计中的"仿生建筑"除了把自然界中的形态用于建筑的外观与造型，更重要的是通过生物形态的模仿与借鉴，使建筑具有智能化、功能化的使用标准。比如：热带建筑设计中对蚁穴结构的借鉴可以使室内温度下降，以达到节能的作用；集合住宅设计中对蜂巢结构的借鉴可以达到最大意义的节省空间，以获得建筑最大意义的"可持续发展"；建筑构造设计中对动物骨骼的借鉴，使建筑达到了轻盈与坚固的最佳比。这些都是仿生研究对设计发展的意义，需要在设计的基础课程阶段使学生明确。从设计的视觉意义出发，仿生设计完成了设计的造型审美，但是对设计产生的影响，绝不仅仅只在于"造型"层面。

对学生的空间意识的培养是第一步，在接触到设计基础课程之前，很多年轻学生把设计需要的三维造型要求，与造型的物理性质相混淆。符合物理性质的三维造型也许并不符合设计师的造型需要，更多时候都显得"太简单"了。比如一个圆球体，完全符合"三维"造型标准，但是空间的想象力、造型的美感，都显得过于平凡。但是，把设计的造型语言与众多构成形式语言相结合一下，会马上变得吸引观者的眼球。比如，把圆球体打碎，再拼凑起来，就会在质感上具有更多的变化；用不同颜色的彩色玻璃黏合成一个圆球体，就在造型肌理变化中加入了色彩变化，会显得更加吸引人；再辅助投射一束强烈的光线呢？把中间镂空呢？让光线从中心投射呢？这一系列的想法都是源自对一个圆球体的设想，但是其中融入了空间元素、造型元素、肌理元素、材料元素、色彩元素甚至光构成，所以从设计的角度理解造型、理解空间，远远会比单纯从物理性质理解三维造型要复杂得多。

二、启发学生进行空间的思维拓展

学生在设计基础课程阶段，提得最多的问题莫过于"这些课程对我们未来要进入的设计学习会有怎样的帮助？意义何在？"

首先，是设计体验。对于设计的基础课程来说，完成制作过程的体验是最快的对设计常识的感悟方式，很多时候通过过程体验就可以解决众多思维引发的设计问题。其次，是对标准的感悟。什么是好的？什么是最适合的？在设计的每一个环节都会出现众多选择性的疑问，选择的标准在于衡量元素的标准，而这种对标准的领悟也同样需要通过实践来解决。设计的基础课程需要有轨道式的知识链接，通过实践对设计的众多环节进行体验与感悟。

设计基础课程因为不是针对某一个特定专业，所以在基础课题的制定上无法针对某一个专业进行知识点对接。中央美术学院原院长潘公凯先生在2009年的基础课研讨会议中提出：本科一年级的基础课程是设计与艺术的"大基础"，进入专业（专业或工作室）之后的基础课是"专业基础"，必须把这两者的概念分清楚，才能使学生在艺术与专业学科之间体会到基础课程的教学目的。

在大基础的角度，从艺术与设计交融的角度去看基础教学，需要教师把握在课程中对学生的启发与引导的"尺度"。既不能把用"艺术"的尺度使学生把课程作品理解得过于自我，又不能用"设计"的尺度使学生把课程作品理解得过于"严谨"。学生需要在进入专业学习之前，既能把思维尽量打开，又能隐约感受到设计的制约因素使思维发挥应具有的专业尺度。这种"界限"的把握更多的需要学生通过对教学课题的实践、在课堂上与教师的教学互动来进行尝试与感悟。

众多设计学科都会触及三维造型、空间创造的领域，但是对于比例尺度、造型特性的把握却有着千丝万缕的不同。所以，在授课过程中，针对每一个概念的解释，都需要从不同的学科角度出发进行提示与启发，才能使学生针对相同的概念，触发不同设计专业学科的思维。

三、以"仿生造型训练"课题为例

仿生设计是从视觉造型角度对设计创作进行造型启发的一种思考方式，众多设计师的成功作品不断验证了仿生设计不仅能使设计作品在自然形态与工业形态之间找到最佳的契合点，又可以在设计领域融入生物形态背后的生态特性，从而使工业产品具有生态性能。在设计基础课程的空间造型训练环节，把众多精彩的、具有识别特征的生物形态作为学生对造型创作的启发点，是空间认知阶段的教学尝试。

自然界中的螺壳形态

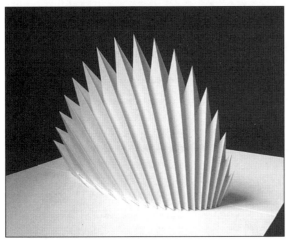

　　"一切美感皆源于自然"，螺壳的空间形态包含了众多空间元素、空间构成方式的组合。数学几何的美感、理性结构的推演与感性的线条之间形成和谐的统一，空间的正与负、虚与实，类似于音乐的节奏感、韵律关系等，众多的美感都以视觉化的方式呈现。当学生把螺壳造型放在手中近距离观察、全角度观察的时候，众多对于空间形态的概念理解瞬间都具体化、细节化。在课堂教学中，我问学生"你看到了什么？"学生的回答多种多样，都从空间的概念出发，由自身的理解呈现出各种各样的联想，他们会联想到众多与仿生学有关联的设计作品——（如上图）高迪的建筑细节、悉尼歌剧院的空间形态都会浮现在眼前。

　　螺壳造型课题需要观察真实螺壳（提供真实螺壳、剖开的螺壳实物），从真实的螺壳、各种螺壳图片中获取造型元素，进行造型创作。学生需要从二维造型的设想入手，进行12个螺壳造型的草图创作，再从中选择2个进行小型泥塑实物创作，最终利用泡沫材料完成20cm×20cm×20cm的实物创作。这个过程既可以训练学生用草图和泥塑快速对自己的想法进行表达的能力（众多设计专业都需要用草图和小型泥塑进行三维造型表达），又可以使学生体会二维造型与三维造型的创作过程，以及体会二维与三维造型不同的思维方式。

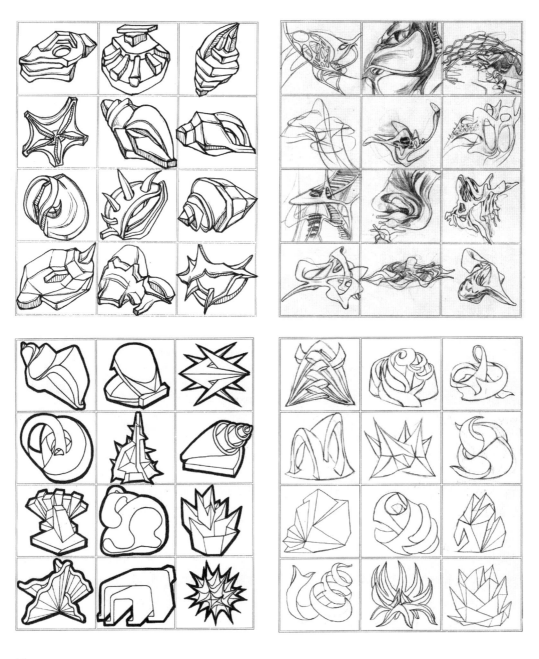

螺壳的生物形态具有很独特的视觉性，既具有很强的造型特点、可识别性，又兼具了众多审美特性——数学的序列美感、构成形式的韵律美感。这种造型对于基础课题的学生来说，很容易获取创作元素，但是如何对众多元素进行提炼与总结，也是在创作过程中需要思考的问题。仿生是设计造型形成的重要方法，从生物的形态中塑造造型的元素，进行重新组合，就可以形成新的造型，并在新的造型中包含从生物形态中获取的元素。在螺壳造型的课题中，针对三维造型的获取、总结与重构，进行造型构成训练，从仿生的角度针对造型方式进行实践的体验与感受。

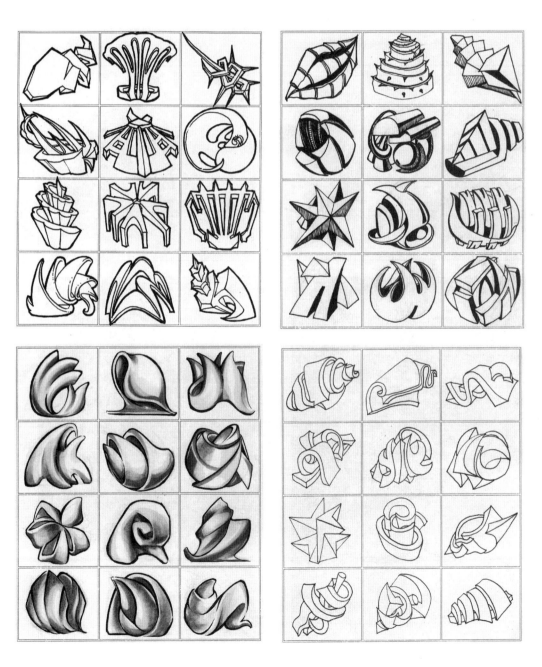

　　教学课题先后尝试过利用英文字母组合、文字笔画组合以及抽象画局部的线稿进行二维到三维造型与空间的转化，这些训练方式都可以对应后置设计课程的知识点。但是最终选择螺壳造型作为原形，这综合考虑了学生对于造型的兴趣、获取造型元素的难易度、造型本身所具有的特征、对新造型创作的可发挥性，这些细节都会影响学生对于基础课题的学习热情与兴趣。

　　在教学指导过程中，授课教师也需要针对学生未来将要选择的专业，对应造型的思维方式、造型与空间的侧重等细节进行具体指导。在螺壳造型分解的课程环节，注重造型的学生会自发关注螺壳的造型轮廓，注重空间的学生会自发关注螺壳的剖面和内部结构，这种侧重，充分说明了学生可以自发感悟到三维造型与空间在构成元素方面的细微差别，对这种视觉敏感度的培养也是学生对造型与空间创作的学习过程。

　　在课题实践中，针对螺壳造型的特征，学生可以很迅速地进行提炼与获取，但是对于新的造型创造，是需要时间理解的。在完成全新的三维造型的时候，需要利用获取的螺壳造型元素进行细节的填充，以最终获得介于螺壳和新的造型之间的视觉感受。这种创作的方式，会自发地引起学生对于仿生设计的关注。学生们往往会思考，该利用怎样的方式进行螺壳元素的融入？该怎样把握螺壳造型与新造型之间的关系？这些思考与仿生设计（视觉造型角度思考）的思维方式会产生紧密的关系。

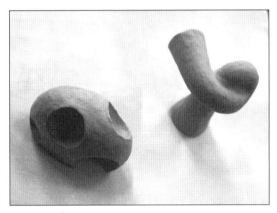
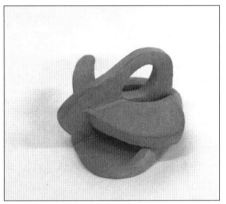

螺壳课题针对基础课与设计课之间关系的探讨，是一个很适合的课题案例。利用很直观的方式，从视觉角度引发三维造型方式与设计思维方式的关联思考。三维造型与空间的关系，在课题模型制作过程中也得到很好的训练，螺壳本身具有很明确的造型与空间——由外而内的对应关系。课题可以使学生感受到具象与抽象、细节与概括、记录与夸张、造型与空间等很多在设计创作中需要关注的问题。

学生对于实物模型制作方式的理解，同样也需要指导教师的引导。往往学生面对模型材料的时候，会觉得无从下手。二维图纸—泥土制作的草模—实物模型正稿，作业要求就是最基本的构思方式，帮助学生适应从二维思考到三维实物成型，中间的泥土草模会或多或少地引起对最初草图的调整。实践的过程既是创作的过程，又是思考的过程。实物模型制作环节，为学生准备两种模型材料——模型卡纸板、高密度泡沫，两种模型材料分别适合制作直面体和曲面体。

以螺壳造型课题为例，可以使学生在设计基础课程阶段，体验基础课程中设计细节与后置设计课题之间的关系。每一件设计作品往往需要用到许多知识点，而这些知识点就是学生在设计基础课程中需要通过课题的动手实践，来进行体会与感悟的。

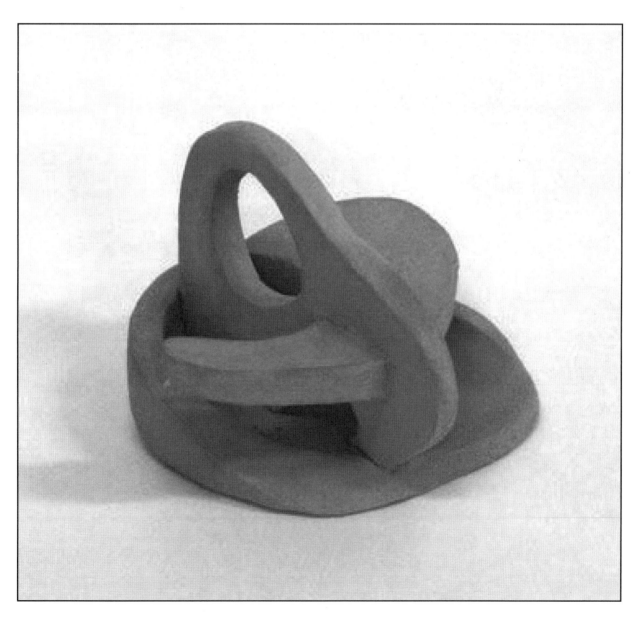

从螺壳中提炼出的造型元素,每个学生通过自己的理解,进行解构复制、解构、重构、简化、提炼等一系列的创作过程,最终可以获得全新的造型和空间构造。学生丰富的想象力也由此开始,他们可以从造型的特征、空间的构成两方面进行空间创作。参与课题实践的学生利用从螺壳造型提炼的造型元素,构建了一个可以分离、闭合的空间。空间的造型元素、元素之间的构建方式,都与螺壳的造型有着密切的视觉关系。从视觉角度进行元素提炼与获取,最终进行空间创作的课题,螺壳课题很有代表性,螺壳既可以作为造型元素的来源,又可以作为创作的视觉依据、创作空间的外形借鉴。螺壳的造型既简练,又具有明显的视觉特征,可以使学生明确地感受到视觉语言的特征。螺壳造型从仿生设计的角度,与设计类型和设计方法有着密切的关系。

在设计基础课的空间训练部分,螺壳课题作为三维造型与空间课题的前置课题,为学生深入了解空间的创作方法提供了综合的知识点对应,为后置空间课题更加深入地接近空间核心问题打好了空间感知、空间体验的基础。

第五章　空间建构系列课题实践

实践课题1~9

第一节　空间结构素描

用素描的基本方式——结构素描进行表现,借助光影的形式使空间具备视觉立体感——这是基本的绘画方式,这种方式可以作为学生以绘画为主的通识基础课程与设计基础课程的衔接,从二维表现的训练角度,促进学生对三维空间的理解。

第二节　泡沫形态

用易于制作曲线、曲面的材料,使学生的制作难度得到最大限度的降低,探讨曲面造型局部与整体空间造型之间的关系。

第三节　卡纸造型与空间

用直线语言作为基本构成元素,通过制作实践探讨直线局部与整体空间造型的关系。直线语言的构型方式可以更明确地与建筑设计的基本设计方式对应。

第四节　储物盒子

空间与造型、实体与虚体、体积与容积、结构与功能——这些对设计的要求都可以贯穿课题,以盒子的方式进行对应训练。课题要求空间造型的变化与功能对应。

第五节　手语盒子

空间必须具有人体比例尺度（人体工学）的衡量标准才能适合人的使用,把人体比例与空间造型的设计互相结合渗透,使空间设计更适应设计的标准。在课题中嵌入更广泛的设计元素——可移动、可变化,以空间的设计标准引发学生对家具、包装、展示设计等领域更广泛的思考。

第六节　星座泥塑

空间形态是否可以有所表达？课程中要求学生总结出自己的星座特征,然后用空间、造型语言来表述这些特征。

第七节　康定斯基的空间

康定斯基一生致力于在二维的作品中表现无限的空间维度。二维画面中的空间表现可以成为三维空间形态的起始点吗？也许在同一张康定斯基画面中可以发现无数种三维空间的可能性。

第八节　巴别塔

用圣经中的神话故事作为空间形态创作的出发点,可以暂时让学生抛开对一切空间功能的想象,空间构成暂时不需要功能,当从情节中获得对空间形态的提示,其余的就交给想象力。

第九节　契合积木

空间与造型以虚实的方式互为依托,课题中严格要求完全契合。当整体空间形态被拆解的时候,学生感受到了"正空间与负空间"是"同时"存在的。

在大学设计基础课的课堂上,对空间造型问题,需要紧密地与专业知识接轨。从制图的实践,到实物的制作,都以"多角度地理解空间造型的方法与规则"为主线,从草图—制图正稿—黏土小稿—实物制作(泡沫与卡纸),学生可以助逐步理解从制图到二维面的表达再到三维实物表达的过程与关联性。

德国包豪斯学校用设计教育的众多创新方式影响了世界范围内的现代设计教育方法,在包豪斯的设计教育中,主张以艺术的标准衡定设计的标准,并把设计与工业生产相结合。这样的教育方式使学生的眼界开阔,没有自我闭塞在某一个设计类别的技术层面。在包豪斯学校的设计作品中,空间设计的表现图不是仅仅为了作为空间设计的制作说明图纸而存在,而是可以出现在绘画、平面设计,甚至戏剧、舞蹈等更为广阔的艺术领域。画面中对于空间的表达,已经超越了空间本身,而成为视觉空间感(二维意义的视觉空间表现)、空间造型(三维空间意义的空间表现)的表达方式。

在包豪斯学校的设计基础教育中,把空间概念与绘画、装置、海报设计相结合,空间造型可以在二维和三维的表现形式中再现,甚至把空间意识引入更广泛的艺术领域——音乐与舞蹈。舞蹈家玛莉·魏格曼用肢体语言,结合场景空间的视觉符号,进行二维与三维空间语言的综合表现,使空间语言的表现形式得到极大的丰富,也把空间的可运动、可变化,与空间表达语言相结合。

包豪斯的空间课堂教学,极大地拓展了空间的呈现手段,涵盖了多学科的交叉、艺术与设计的融合、动态与静态的结合,甚至尝试在构成表现中加入动态的"时间"元素。

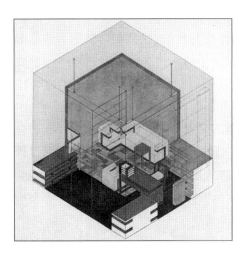
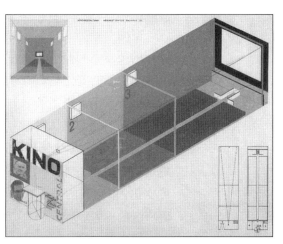
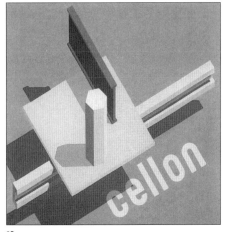

彼得·艾森曼的直线语言（上图）与斯蒂芬·霍尔的曲线语言（下图）

建筑师设计的建筑外观，好比是人的表情，而室内设计，好比是人的内心，建筑设计与室内设计的关系，好比人由内心到表情的自然流露。设计师把建筑的结构与室内设计融合成浑然一体，让人无法分辨哪里是必须要有的建筑结构，哪里是作为空间装饰而存在的造型穿插组合，这种室内设计的形态与结构，符合现代建筑设计的审美标准。

设计风格往往取决于设计师惯用的空间造型语言。彼德·埃森曼的直线穿插，史蒂芬·霍尔的流畅弧线，这些都是建筑师惯用的设计语言，这些设计语言的自然流露形成了每个设计师的设计风格，也形成了室内空间的特质。

在现代主义的建筑中，正方形（正方体）元素渗透在建筑与空间的每个细节中，作为模数、视觉语言、建筑结构而存在，从建筑表面来看，正方形（与正方体）的应用，已经是作为一种典型（或者主流）的建筑形式而存在。在埃瑞克·欧文·莫斯与彼德·埃森曼的建筑中，都用到大量的正方形元素，无论是建筑的外型，还是内部空间、建筑结构，正方形的应用贯穿到建筑设计内与外的每个细节。建筑设计师对于正方形（正方体）的钟爱，另一个原因在于，正方形与正方体是空间的最简约形式——无论对造型还是空间而言，正方体是最坚固、最经济、最大体积占有空间的象征，也是最本质的建筑语言。仅仅使用最简单、最本质的空间造型语言——正方形（正方体），也可以获得丰富多变的空间形态、曲线、斜线、自由弧线，这些都可以在正方形的运动轨迹中完成。

室内空间的设计语言，需要具有表现力的细节，比如空间中"对比"的应用，色彩对比、体量对比、（材料的）质感对比等，这些对比的应用，使空间设计语言的丰富性得到提升。空间细节的对比常常运用直线与曲线、大体量实体与线性结构、有序与无序、钝角与锐角等方式，使空间细节成为室内空间设计的亮点。运用对比的方式，可以使空间细节的设计应用更加具有突出的视觉美感。而往往视觉构成的美感，需要多与少的数量对比，才能够使设计师想要突出的视觉美感在整体中得以明确体现。在对比量的界定中，切忌"平均"，量的平均必将导致整体对比上的视觉混乱、不明确。真正明确的对比，应该是很悬殊的大部分与极少数量之间的对比。

第一节　空间结构素描

课题要求：用素描的方式对不同的空间造型进行表现，利用空间造型与光影的关系，使画面空间造型具有二维的视觉空间感。

通过最简单的画面表现，造型与光影之间的关联会引发一系列空间问题。实体与空间、空间实体与构架、实体的内部结构等，都可以成为画面表现的元素，最终获得画面中的视觉空间感。

🎧素描

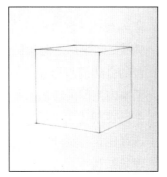

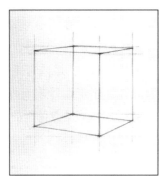

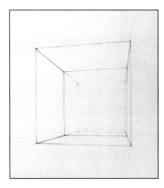

正方体是最单纯三维实体的几何体之一，也是建筑设计最常用的设计元素，与建筑的模数、比例、结构有着千丝万缕的关联。正方体的状态——实体、线框、空间、结构，在素描的表现中，分别用不同的方法进行表述。

从线的表达（外轮廓、结构），到最终线加光影综合表达，学生通过实践都可以感受到空间的表达所需要考虑的透视、结构和光影，这些都是在建筑建成以后才能看到，设计过程中只是对建成实物的设想。如何缩小设计与建成之间的误差？这就必须依赖设计师准确的空间想象力。

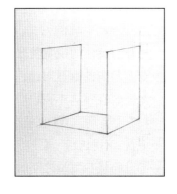

　　在典型的欧洲教育体系中，基础课程教学的方式深受包豪斯现代设计教育的思路影响。佩奇大学（University of Pecs）建筑系本科基础课程课题训练：用素描的形式把建筑学需要的空间认知以最简单的方式进行绘画方式的表现，线的、结构的、透视的、空间的、光影的，建筑设计的空间表现要素通过最直接的素描方式使学生很直观地感受到。

　　训练方式从单纯的正方体—正方体的组合—正方体的实体、空间、结构变化—正方体的切割、重组空间想象—造型与光影的对应等方式进行循序渐进的训练。课题训练中，正方体可以作为整体的构成元素、作为整体空间造型的外轮廓用于几何形体的最大体积填充，作为被切割重组的原型。从众多课题训练的结果中，可以看出正方体与整体空间造型的关系是围绕建筑设计的基本方法来进行课题训练的知识点链接。从正方体中切割出的更加丰富的造型，与正方体、长方体的外轮廓形成紧密的联系，再进行重构与组合，形成更为丰富的空间造型，这个过程把正方体的比例、模数暗含其中，使局部与整体的关系更加密切。

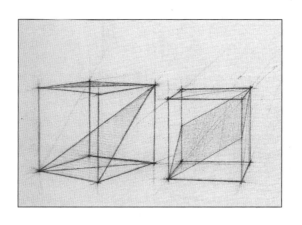

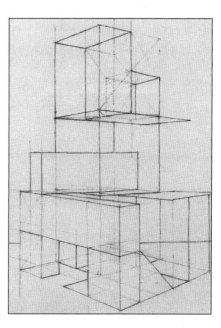

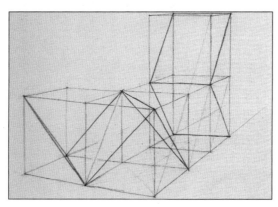

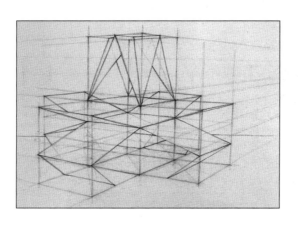

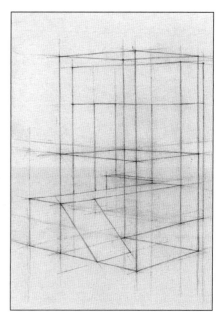

素描的线条可以勾画出空间实体的造型,但是无法表达空间实体的转折与凹凸变化,借鉴光影的变化,就可以用最直接的方式表达线条无法表达的空间造型美感。

反思在建筑设计中,也需要通过图纸的表达,在设计时就设想出建筑成为实体以后的空间造型所带来的建筑光影变化。建筑实体的空间造型转折和凹凸必然带来光影变化,而设计师对空间的想象力必然包括对建筑造型与光影变化的关系设想。

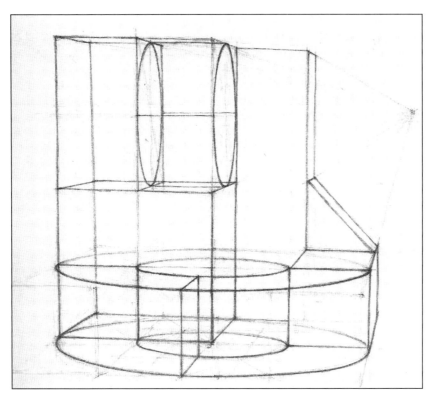

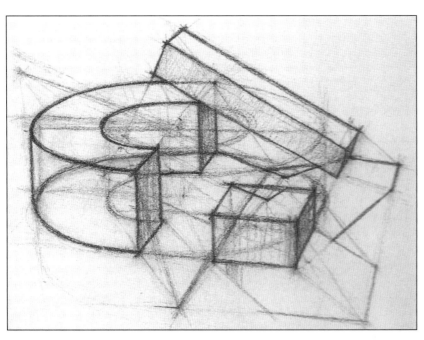

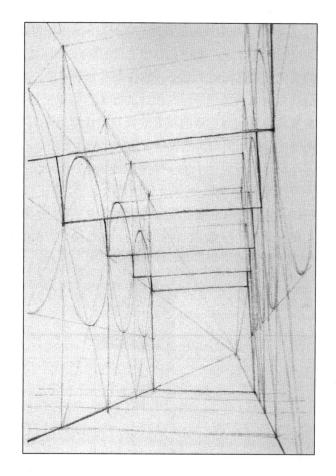

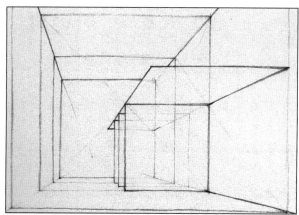

从正方体的空间造型变化,转换到真实空间的造型归纳,会很直观地感受到经过细节删改的空间形态,都是来自正方体、长方体、或者来自正方体切割的直观空间造型,这些造型成为空间的主体元素。

空间造型的基本构架都是来自最单纯的几何体造型元素,空间造型的丰富度并不仅仅来自细节等变化数量,也来自空间造型语言所带来的组合与穿插美感,造型在空间内的转折、凹凸、穿插等变化都会影响整体空间的视觉丰富性。

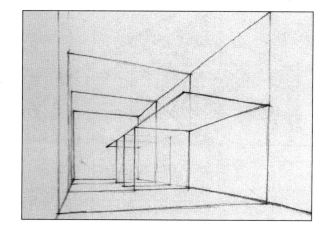

利用素描中线的透视原理进行空间创作，可以把对集合体构成的空间理解方式转化为最简单、最直接的空间创作方式。素描在训练透视的同时，可以使学生感受到素描中构筑空间感的方式与真实三维空间中的视觉效果之间的关系——你在真实的空间中，通过视角变化，可以看到怎样不同的视觉效果？以此引发的众多画面问题都与建筑设计的方法产生了密切关联——视角变化给空间造型带来怎样的变化？人的正常视角在空间内看到的视觉效果与设计师想要表现的效果是一致的吗？人体比例与空间的尺度应该怎样调整才能校正人的正常视角带来的比例变形？

反思建筑设计中的一些实践细节。为什么在图纸的立面图上来看，高层的立面装饰有些偏大？因为人看高层需要仰视，通过比例的近大远小，在正常视角看来，这些细节会显得正合适。为什么欧洲古典建筑的人体雕塑从立面上看头的比例会大一点，上身的比例会长一点？因为需要校正人通过仰视获得的正常比例视觉感受与真实比例的误差。建筑设计方法的很多细节，都是来自人对透视的理解。

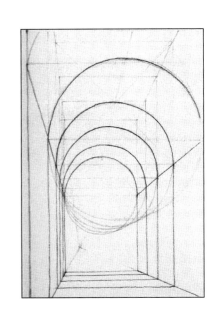
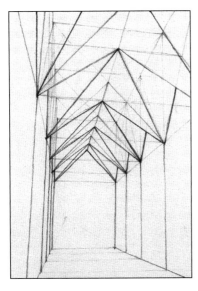
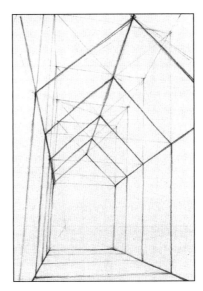
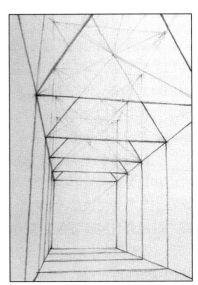

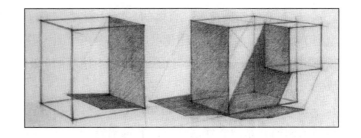

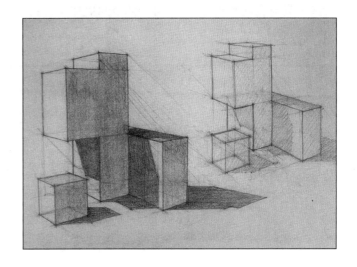

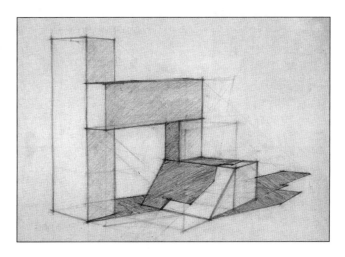

用素描方式表现的空间造型在线的基础上，加上光影变化，可以使二维画面呈现出更加丰富的三维视觉效果，这种效果与建筑设计的方式有密切关联。对空间造型光影效果的设想，不仅可增强画面表现的空间真实感，也是拓展空间想象力的重要环节。

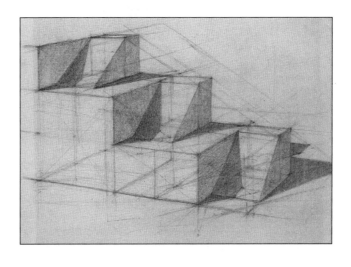

　　通过真实空间造型几合体的静物组合、灯光配合，可以使学生获得真实的空间造型与光影感受，长期素描作业可以使学生在画面中获得精细、真实的空间感和柔和的投影过度细节。空间造型与光影的配合，使画面的黑白灰层次异常丰富，与背景配合成为完整的素描画面。

　　相对建筑设计中的空间造型而言，色彩对建筑设计来说并不重要，色彩只是作为材料的附属元素或者建筑表皮的装饰语言而存在。在空间绘画训练过程中，色彩作为绘画工具与表现形式的选择，可以使空间更加具有真实感，使空间与背景更加融合。

　　空间造型训练以绘画方式呈现的最后一个环节是比例、模数的融入和几何体块的穿插组合，其目的已经不是构成本身。比例的导入使人体工学与空间形态产生关联，我们可以明确地感觉到画面中的点线面、柱材、面材、实体造型已经有明确的视觉联想——柱子、墙面、阶梯、隔断，这种来自建筑细节的联想，把单纯的空间构成训练与建筑设计的方法更明确地联系到一起。

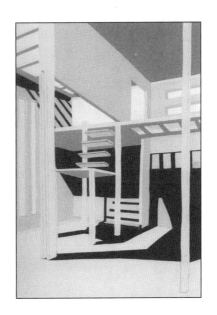
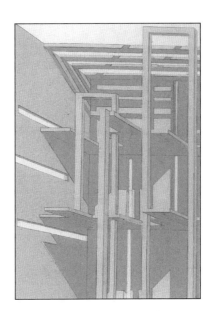

空间建构◎元素与构成

空间造型训练的最后一步，需要把几何形体的绘画表现与最终的空间创作贯穿在一起。最终的空间真实感，可以理解成从抽象几何形态的具象演化，也可以理解成寻找现实空间中的立体形态与抽象几何形态的对应。空间素描训练可以使学生通过实践实现从抽象的几何形态到具象的空间场景的对应，对空间的二维到三维语言的视觉转换方式有所领悟。

欧洲主流的建筑基础教学深受包豪斯现代教育方式的影响，用绘画的方式启发学生对于空间的创作感悟，用绘画的方式再现空间造型与光影之间的关系，使学生从视觉的角度理解空间创作的方式。国内众多建筑设计专业也在基础课的开始阶段，沿用素描的方式从写生到变化，由具象到抽象，使学生逐步理解视觉空间的创作方式。

课题训练的意义在于利用简单的几何造型从写生入手，用线的方式、结构与光影结合的方式、透视的方式表达空间（视觉空间），最后把几何形创作的抽象空间与真实空间中的具象造型对应，使学生对空间的理解从抽象到具象逐渐完善。这种用素描的方式理解空间的课题训练，可以使学生在基础课程阶段形成完整的空间感受。

佩奇大学波拉克信息工程学院现任院长 Gabi（右一）与建筑系研究生的课堂研讨

🎧泡沫

第二节　泡沫形态

　　课题要求：用订制的20cm×20cm×20cm高密度泡沫为原型材料，制作一个空间造型。对于课题要求，尝试使用螺壳造型（外观与内部结构）、（来自学生名字的）汉字变体、字母组合等作为设计元素。泡沫造型课题从材料的选取就决定了空间造型的风格，与后置课题卡纸造型进行空间造型风格对比，形成完整的空间造型课题。

　　无论是雕塑家亚历山大·考尔德的抽象雕塑，还是建筑师扎哈·哈迪德的建筑，都因为作品中运用了流畅的曲线，而形成了舒展、飘逸的动态美感，使作品打破了雕塑与建筑、艺术与设计、外型与功能、感性造型与理性造型之间的界限。

学生制作课题模型之前的手绘草图

景观雕塑
亚历山大·考尔德

迪拜歌剧院
扎哈·哈迪德

解构主义建筑师艾瑞克·欧文·摩斯的建筑，无论从整体还是从细节来看，都充满了个性化的造型。艾瑞克·欧文·摩斯喜欢把剖面的结构美感呈现在建筑立面上，建筑整体充满了破碎、交错的个性化表现，这种对建筑美感的理解，使他的建筑充满了神秘感。

这种建筑形态设计的灵感来自什么，我们也许不得而知。但是，怎样的设计方法可以使建筑师对于空间造型的创造力源源不断呢？在众多设计作品中，我们能看到设计师借鉴造型的成功案例，把存在于自然界的自然造型进行分解与重组，就可以获得更加丰富的人工造型。

现代设计中很多设计师认为从自然形态中可以获取有生命力的形态，用于克服工业设计给人们带来的疏远感，这种意识形成了仿生设计的风格。用模仿和借鉴的方式从自然形态中获取造型，使设计产品具有生态的美感，以此贴近使用者的心灵。仿生设计的风格使这种从生物中提取设计元素的设计方式被众多设计师所接受。不仅仅是针对生物形态的提炼与获取，由具象形态进行元素获取、再进行重构的方式影响了现代设计中许多设计风格的发展。

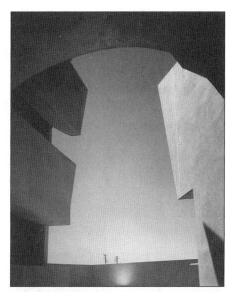
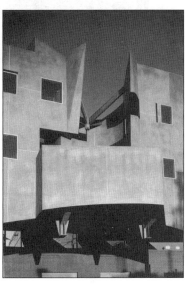

　　在中央美术学院设计学院的基础课程中，就一直保留从真实贝壳形态（外观形态、内部结构）中提取造型元素的课题，从仿生设计的角度引发学生对造型创作来源的思考。把从贝壳中获取的形态进行分解、重构，可以用理性分析的造型原则获取新的形态，以满足造型设计的需要。

　　对比贝壳的剖面与摩斯的建筑剖面、裙装设计与花朵的造型，可以感受到造型的相似性。众多成功的设计案例中，虽然设计师非凡造型的来源我们不得而知，但是模仿生物的造型，从生物造型中提炼造型元素进行重构以获得全新的造型，是设计中非常重要的造型来源。

海螺剖面造型与艾瑞克·欧文·摩斯建筑剖面的造型对照
《时装 L'OFFICIEL》2012春装与水仙花朵的造型对照
中央美术学院设计学院基础部课程立体构成环节的泡沫造型训练作品

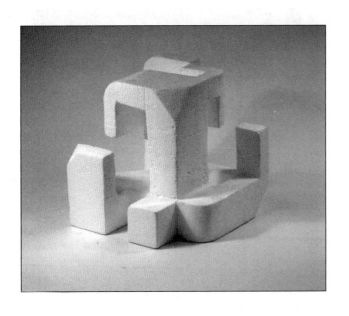

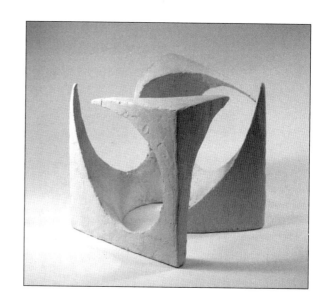

 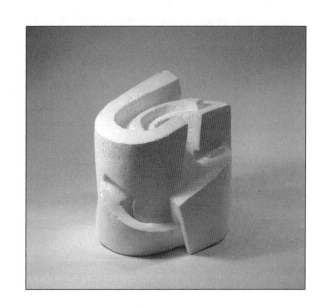

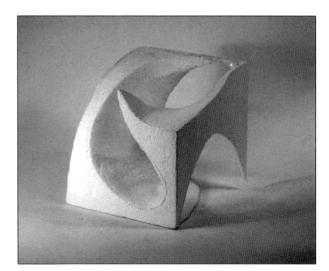

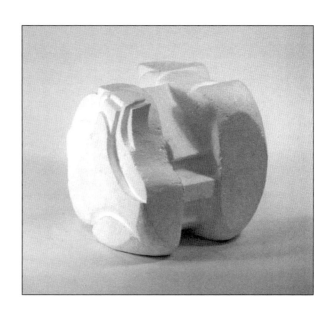

　　在课堂上，学生拿到泡沫材料，往往会感到无从下手，而用黏土制作从螺壳获取的形态，可以很轻松很直接地从草图到实物制作，学生可以从中感受获取空间造型的方法。螺壳的造型简单，特征明确，学生很容易找到螺壳的造型特征，将其进行提炼与重构，就可以获得新的空间造型。

　　从草图创作到实物制作，可以使学生熟悉曲面造型的构成特点与制作方式，便于学生更容易地切入正题，迅速进入泡沫课题的制作状态。

　　对于空间造型的各种知识要点，需要学生在动手制作过程中进行训练。在多年的教学过程中，我感到对空间造型概念的讲述远远不如让学生通过动手训练来感知来得直接。空间造型设计方式的多角度、多维度思考，与制作过程中的制作方式互相关联，模型实物的制作过程需要通过每个面向中间的穿透来完成。所以在实物制作过程中，学生就能体会到设计图的每个立面与空间之间的关系，如果修改一个立面，相对的一个立面也会改变，整个空间也会随之改变，这种面与体的互动，也是空间设计中不可缺少的经验。

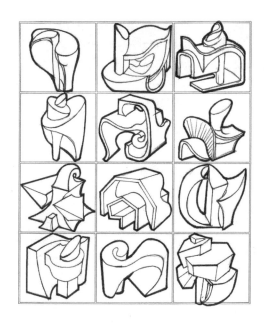

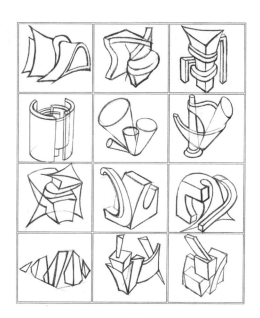

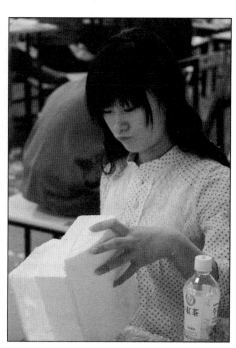

第三节　卡纸造型与空间

🎧卡纸

课题要求：用模型卡纸制作20cm×20cm×20cm立体造型。对于课题要求，尝试使用指定画面（基础部前置设计素描课题线稿）作为平面图，指定文字架构、（来自学生名字的）汉字变体、字母组合等作为设计元素。卡纸造型课题从材料的选取就决定了空间造型的风格，与前置课题泡沫造型进行空间造型风格对比，形成完整的空间造型课题。

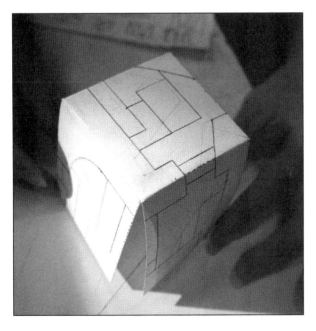

　　动手制作模型实物，是对学生综合能力的训练。动手能力包含了学生对课题的理解、对空间造型的理解，还包含了学生对创作方法的思考。在课程进行过程中，学生自发地思考每个立面的创作与整体空间造型之间的关系。在草图阶段手绘制作六个面，然后进行空间对应，进行整体的空间造型思考，这种方式符合建筑设计的基本思维方式，这是学生经过空间思考自发寻找到的"设计方法"。这些设计方法不仅能帮助学生进行空间创作，还能帮助学生协调每一条线、每一个单体造型，在空间中准确地找到"空间位置"，帮助学生从面的角度协调每个单体造型的立体穿插方式。

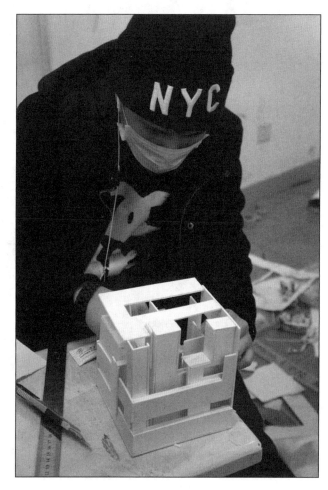

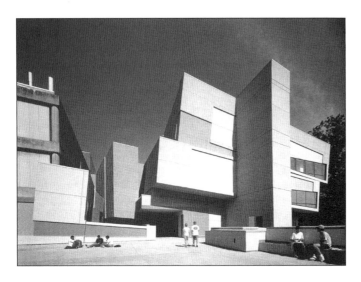

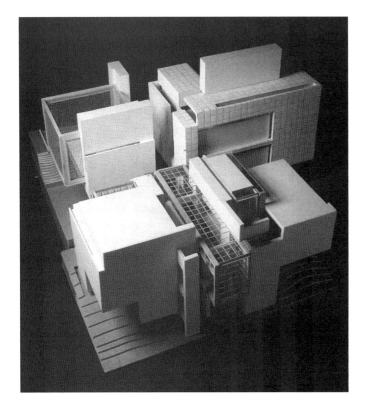

彼得·埃森曼的解构主义风格建筑设计中，充满了正方体的几何结构与模数符号。同样的正方体结构形式也出现在典型的现代主义风格建筑设计中，比如：理查德·迈耶、贝聿明的建筑设计中惯用正方体的建筑符号作为立面的装饰与内部结构、空间的分隔。解构主义风格建筑与现代主义风格建筑不同的是，解构主义风格建筑没有把细节中的每个正方体依赖于平行线与垂直角度进行组合，也没有把建筑的装饰与结构进行划分。在埃森曼的解构主义风格建筑中，经常用角度的渐进性偏移、沿着某一个角度把众多正方形进行递进式旋转，从而制作出弧线、抛物线的视觉感受，增强了整体建筑形态的节奏美感。

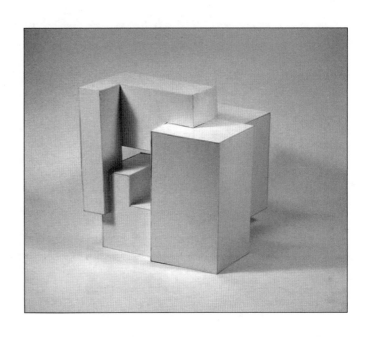

学生通过动手实物制作的方式会逐渐体会到：整体空间的丰富性一半依赖于单体造型的选择，另一半依赖于组合方式的选择，而且两者的关系应该是互相作用的——大多数情况下，相对复杂的单体造型应该配合相对简单的组织方式；相对简单的造型可以选择更为丰富的空间方式进行组织。单体造型与组合方式互相补充、互相促进，可以获得最终整体空间造型的丰富性。整体空间的丰富性绝不只是随着细节数量的增加或者减少而变化的，更重要的是空间造型的空间感、细节的造型转折、穿插而造成的视觉空间感。

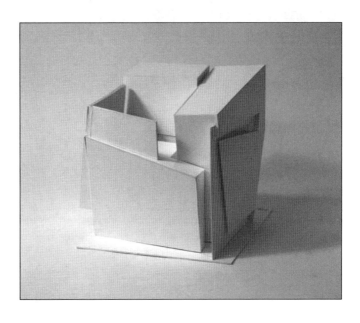

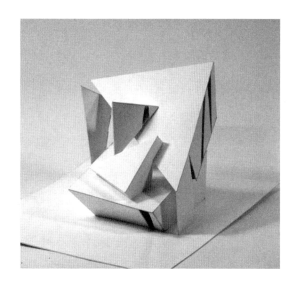
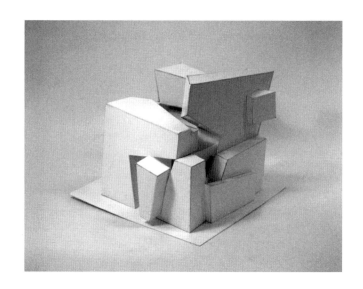
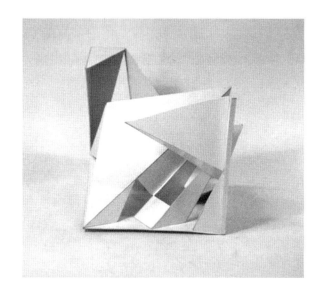

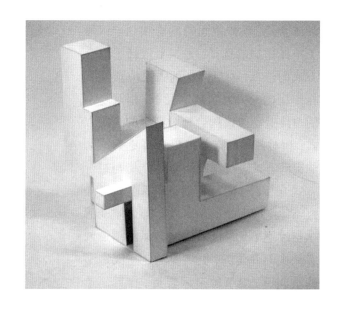

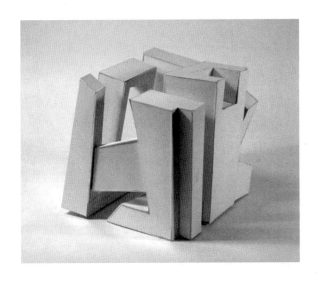
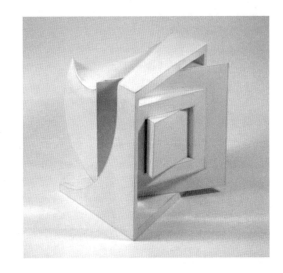

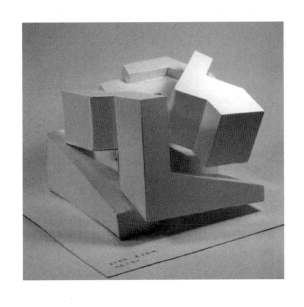

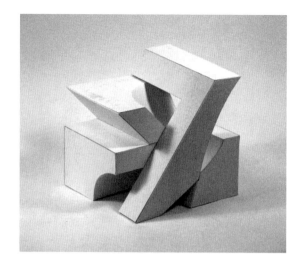
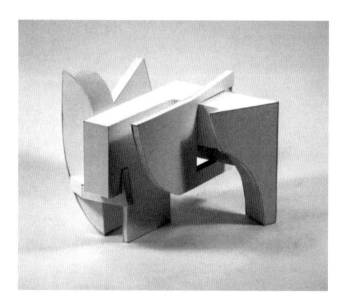

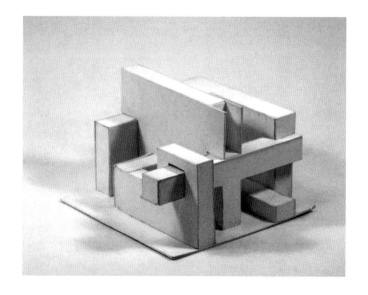

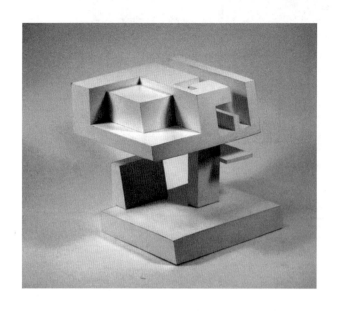

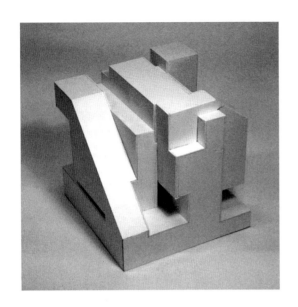
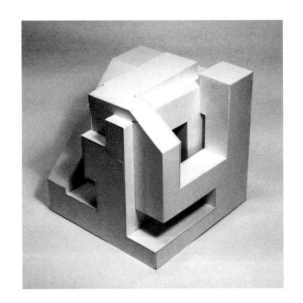

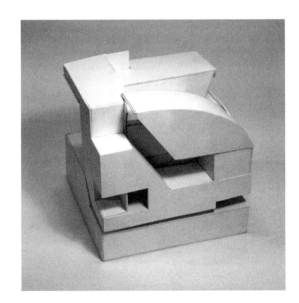

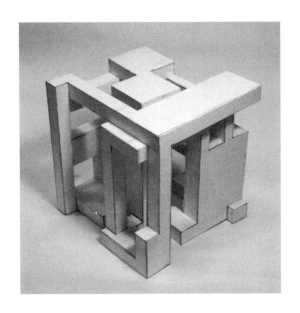

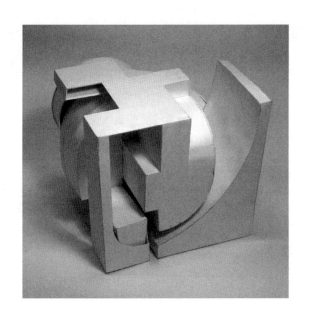
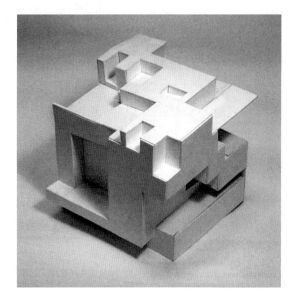
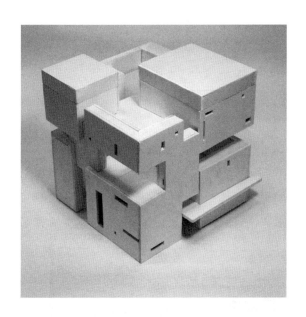
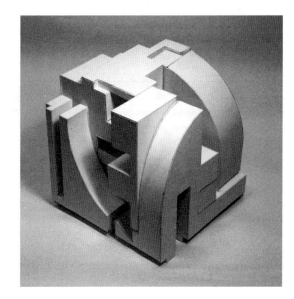

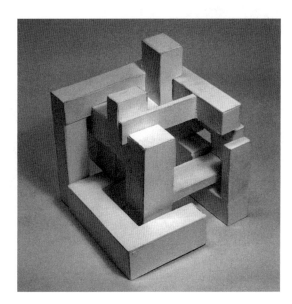

第四节　储物盒子

🎧空间切割组合

　　课题要求：（1）制作20cm×20cm×20cm储物盒子；（2）可以装载3件以上不同体积的物品；（3）盒子可以打开，闭合后为完整正方体。

　　课题的训练目的在于以盒子引发学生对空间与造型所对应的体积与容积、造型与空间、空间的可变性、空间的内部分隔等空间知识点的思考。希望课题训练对学生在建筑内部空间（也可以把课题内容设想为家具设计、包装设计、展示设计等）的创作方式上有所启发。

🎬课程作业介绍

　　课题最终作业"盒子"的展示方式：打开—装载—闭合。课题对条件的约束很严格，目的在于使学生把空间的创意点放在对空间的内部分隔上。空间的内部分割使独立的局部空间与所要装载的物品造型形成对应关系，这种对应关系不仅仅是针对装载物品造型的差异，更应该是体现装载方式的巧妙性。所分隔空间在打开的时候呈现的空间状态、盒子开启方式的差异也可以使空间整体产生更加丰富的造型、空间变化。最终使学生能针对空间、造型、实体与虚体的变化，产生空间设计创意。

　　建筑设计也可以像艺术一样表达设计师对于建筑的理解。斯蒂芬·霍尔的建筑作品从外形来看并没有过分地宣扬张扬的建筑造型美感，但是通过内部空间的细节表现，突出了建筑的"内在美"，这种对建筑的理解很符合东方人对美的理解——含蓄、内敛，在众多日本设计师的建筑设计中也可以感受到类似的建筑美感表现手法。

　　建筑内与外（室内空间与建筑外观）的关系就像人的内心与表情的关系——外表朴实而内心情感丰富。建筑设计可以追求天马行空，也可以可追求翠柳鸣笛——可以奔放也可以内敛，两种不同感受同样精彩。

建筑内部构造　史蒂芬·霍尔

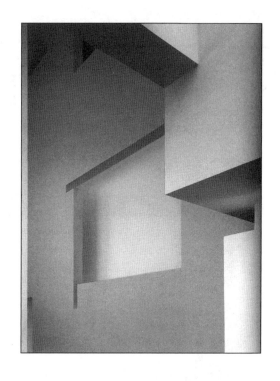

　　方形是现代主义建筑的典型建筑元素，在现代建筑中，也有众多把方形作为视觉元素应用在建筑的装饰、构造中的成功案例，其追求一种介于装饰、造型与内部构造之间的美感。N住宅的建筑外观充满装饰感，简洁而通透，从外观似乎看不出建筑内与外的构造关联，但是建筑内部的细节，却出乎意料地利用光线表现出丰富的构造层次。

N住宅　藤本壮介

　　白色，用最单纯的建筑色彩配合单纯的建筑元素，传达一种纯净的空间感受。白色被广泛应用于建筑中的一个主要原因，在于白色的应用可以使建筑的构造美感凸现出来。马蒂斯说：越是简单的方式，越能明确地表达美感。建筑简洁的色彩，或许正是建筑师对于建筑结构美感表达方式的一部分。

N 住宅内部　藤本壮介

　　这是盒子课题中的一个很典型的创作案例,学生借用古代"锁"的结构进行设计,将造型进行穿插连接,最终获得了"锁"的创意——锤子的空间变成了开锁的"钥匙",用空间穿插的方式获得了"回"字形的螺旋空间,最后插入锤子,就能使众多单体成为一个封闭整体,不会自己散开。

　　如果要开启盒子,必须先拔出包裹锤子的部分,其他的部分才可以分开。这个盒子的设计把来自锁的结构进行新的造型重组,把最关键的中心部分设计成"钥匙",使整体造型充满"机关",这种借鉴的方式本身具有设计趣味。

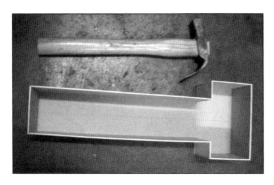

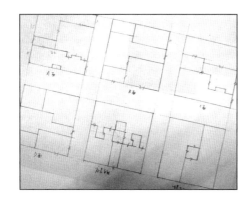
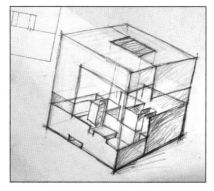

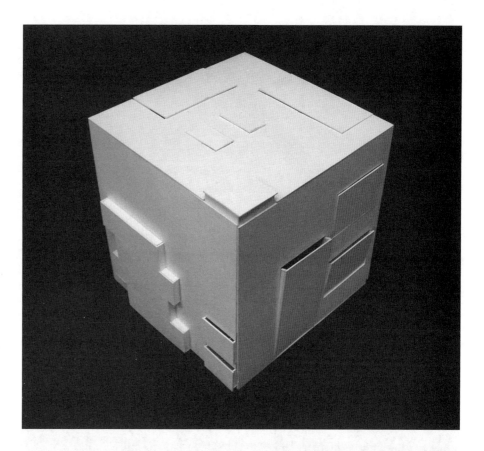

　　盒子开启的状态占有了盒子每个方向的空间，在盒子的每个立面上都有不同的开启方式、不同的空间造型。最终开启后获得的空间造型具有空间美感。

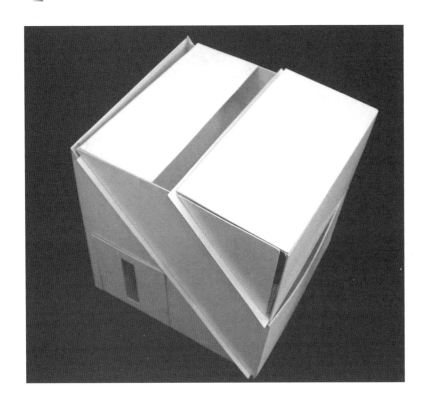

盒子的创意在于开启的方式。外观看似简单的斜线分割，实际上在内部空间转换为上下两个方向的倾斜推拉，推拉时利用重力开启。上下两部分开启完毕之后，左右可以继续打开。这些开启方式的细节显示出作者对空间维度的丰富想象力。

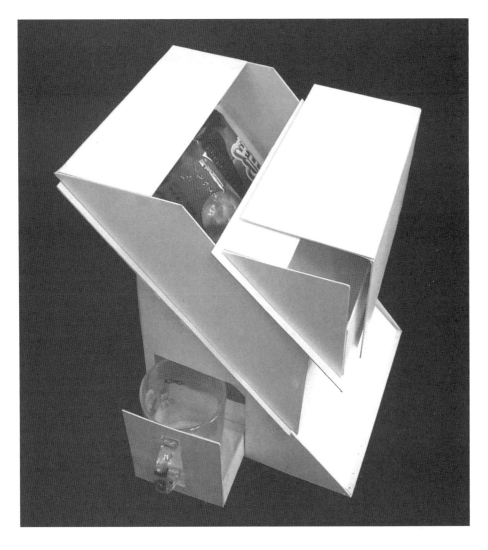

盒子开启之后，内部分割的空间层次丰富，在细节中关注小的空间开启的方式与角度。开启之后的空间像齿轮一样互相卡扣在一起，内部的空间细节都可以进行层次丰富的垂直推拉。

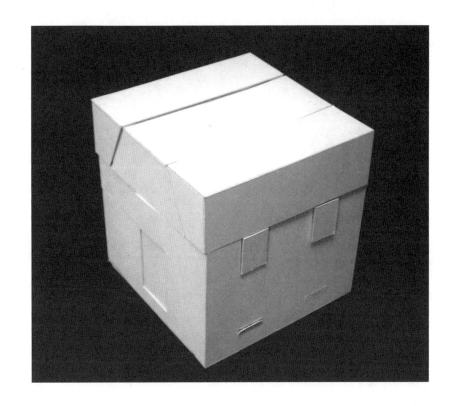

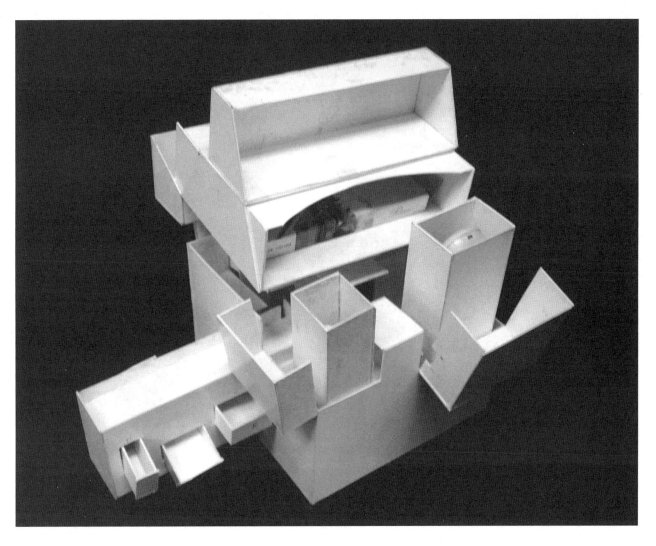

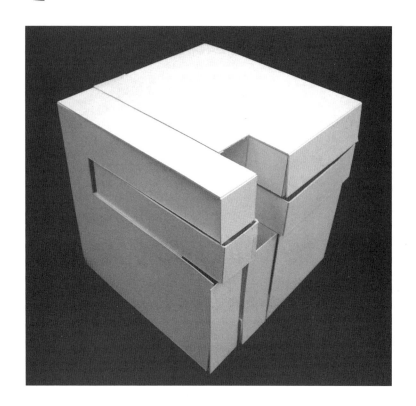

大胆运用单方向的打开方式，盒子的内部空间打开之后向一个方向绽开，具有很强烈的视觉感受，空间的细节与所装载物品的关系紧密。从一个中心点向四周展开的空间表现方式很特别。

具有稽核美感的正方体分割方式，使内部空间具有了对称式美感。对称的内部空间往往会显得简单，作者选择了三角形的外翻方式进行内部空间的开启，最终形成像万花筒、折纸一样的四个角度对称的镜像方式进行内部空间的组合，很好地弥补了对称式空间分割方式所带来的平淡视觉感受。

对于内部空间的利用，选择悬挂的方式进行物品的装载略显简单，对于空间与实体造型之间的互动关系表达，也略显不足。

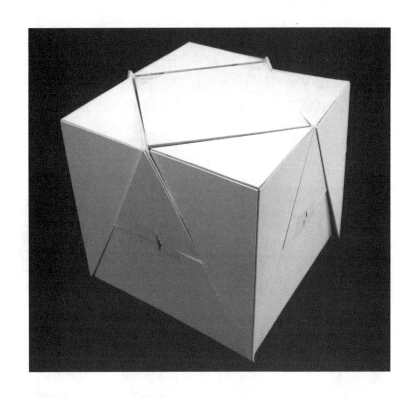

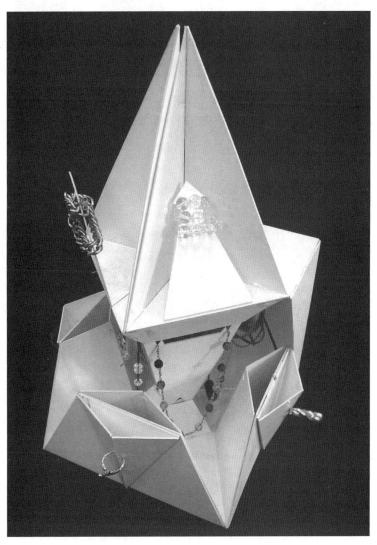

　　盒子的中轴可以转动,旋转开启的方式很新颖。盒子的内部开启之后呈现出层次丰富的内部空间,每个空间都可以对应地放入物品,对特殊的物品分别选择用不同的空间置入方式。内部空间有一个独特的三角形转轴,转轴的转动可以使内部结构自然散开,这一点是学生的精彩创意细节,利用造型的特性达到更便利的空间功能需要,同时也增强了空间"动"的元素。

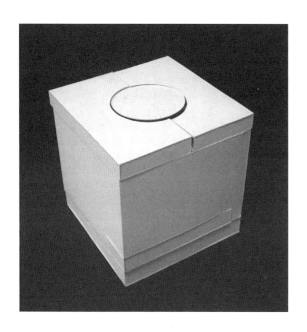 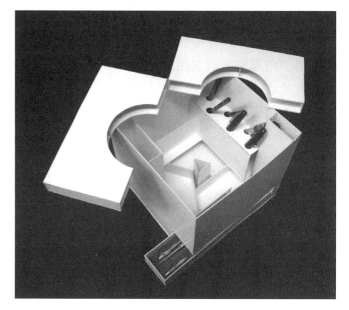

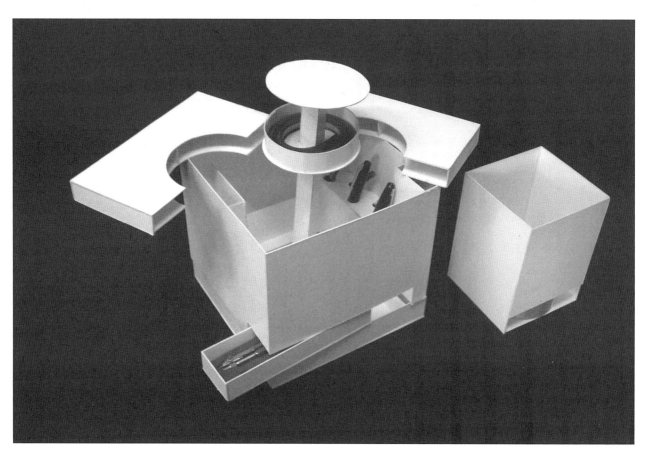

盒子在每个立面的开启方式都不同，开启之后的局部造型富有变化，空间与物品的造型联系稍显随意，没有明确的造型与空间的对应，这是学生在制作过程中没有明确地考虑到。盒子局部用开合角度造成的扇形旋转，是整体空间造型开启之后的亮点。

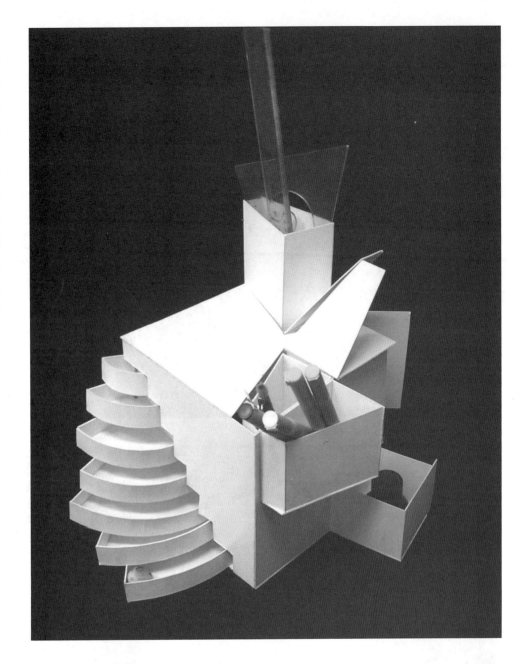

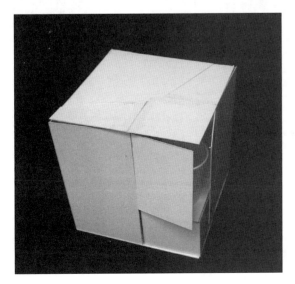

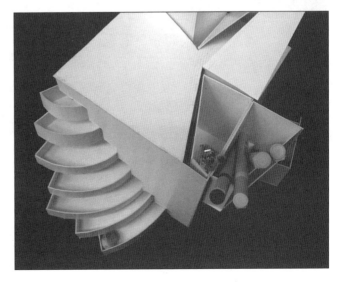

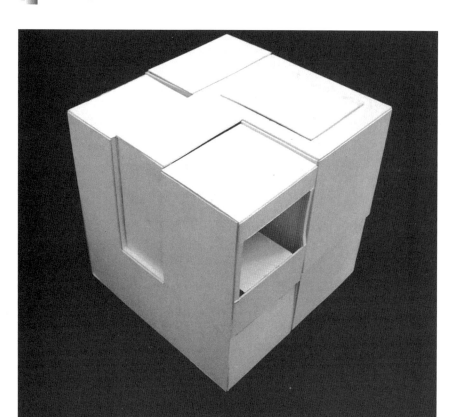

盒子的开启状态呈现出一种层次的序列性，整体空间的局部造型沿着每个面的方向进行旋转组合，加强了空间的序列表达，层层相扣的穿插组合方式成为空间的创意。不足之处是开启之后，每个局部空间的造型略显雷同，使整体开启之后的状态缺乏美感。

盒子在开启状态层次丰富，空间的重叠充满变化，旋转的开启方式有效弥补了方形空间重叠带来的乏味。整体闭合之后，盒子顶部预留的小缺口既可以存放物品，又可以作为盒子开启的手柄，这一点局部创意体现出学生在设计过程中的细心。

盒子开启之后，层次非常丰富。整体相似的长方形分割方式，使造型的相似与开启方式的差别——平行开启、左右翻开、上下拉开形成和谐的对比。

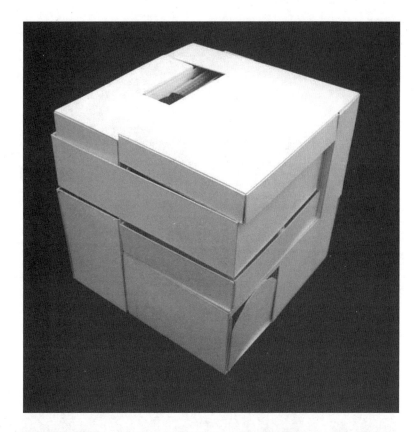

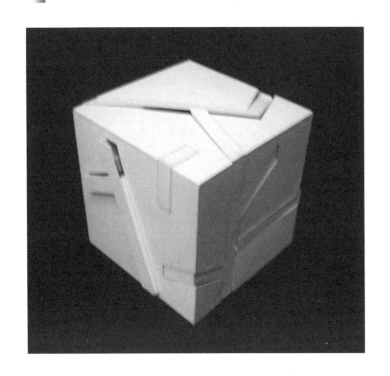

看似凌乱无序的开启方式，很容易让我们联想到解构主义建筑，盒子闭合时外观的形式像建筑师里柏斯金著名的德国犹太殉难者纪念馆。外观的线形分割部分成为内部的支撑结构，这种内外结合的设计方式与建筑设计的方法相契合。

作者利用相同的角度进行内部结构的切割，把看似凌乱的内部结构运用细节角度、分割方式的相似性进行统一。

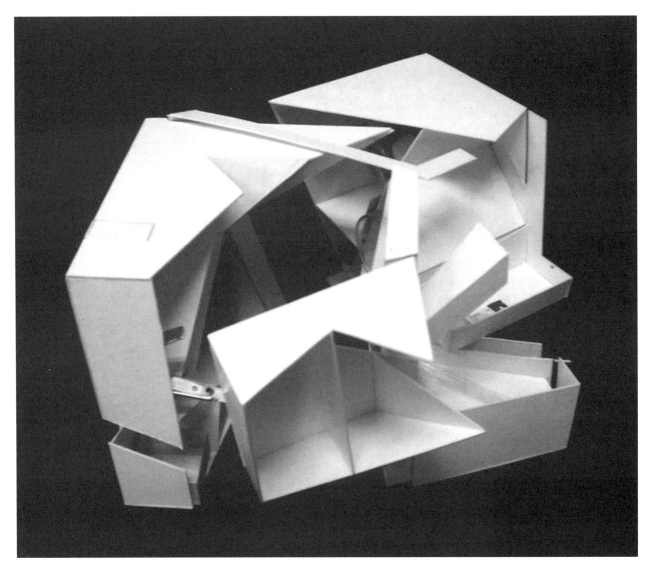

关于打开方式与装载方式

　　课程作业完成的时候，学生通过课程体验，会明白"盒子"的真正含义。造型与空间的互动，使盒子的创意点集中体现在打开方式与装载方式这两个细节中。打开方式的不同可以影响盒子外观的分割线，也可以理解为，盒子与众不同的外观分割线，预示着盒子内部结构的与众不同。这一点就像建筑设计中平面图（二维）与轴测图（三维）之间的对应关系，可以表达出设计师的空间想象力与空间创意。

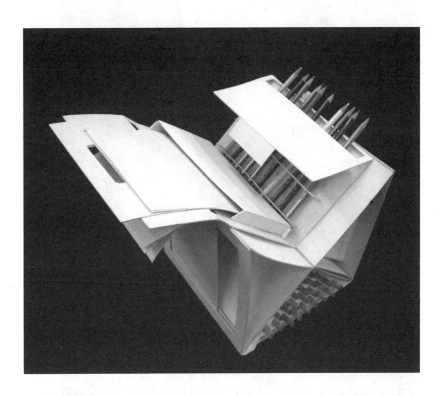

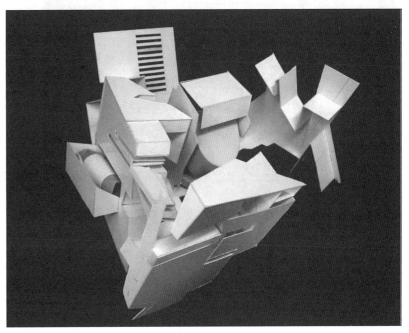

盒子内部空间的整体美感，往往有赖于对盒子整体的控制。学生在开始的时候对于图纸的空间设想往往会在维度变化方面有欠缺，在模型制作过程中，通常需要指导教师给予及时的指导。盒子内部空间的开启角度、开启方式可以弥补内部空间维度变化的不足。鼓励学生转换 X–Y–Z 维度，把多种角度的空间变化应用在空间的细节中，这将会在模型制作过程中，为学生感悟到更多的空间构成方法提供积极因素。

所装载物品与空间的互动，可以锻炼学生对于造型与空间（实体与虚体）的互动关系。在每一个三维空间中，必须要有和谐的空间实体与虚体的对应关系，任何一方面过多或者过少，都会对整体空间造成影响——拥挤或者松散。和谐的空间疏密关系，依赖于和谐的造型与空间的对应关系。

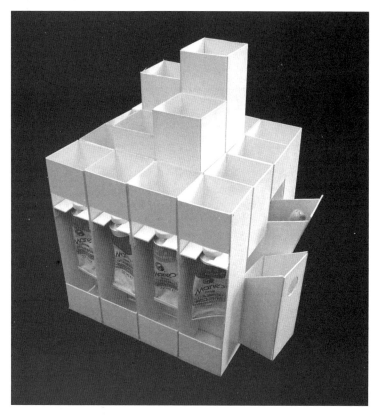

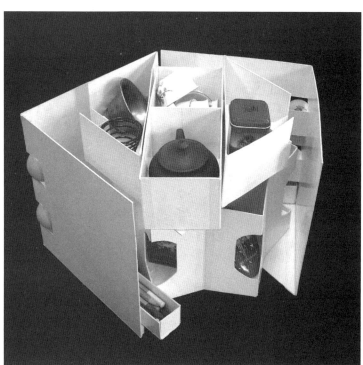

　　盒子课题所限定的打开与闭合、装载物品的要求,最终使学生把创意点放在由外而内的空间切割、组合上。与建筑设计相符合的是,盒子内部空间与所装载物品之间的关系可以引发一系列建筑与空间的问题思考。

　　日本设计师设计的众多小型住宅建筑,因为基地面积狭小,往往外观简单,但是内部空间丰富。外观的简单是为了最大面积地使用建筑基地,内部空间切分的丰富是为了最大限度地利用室内空间,而建筑的使用者——人,使建筑的比例与盒子的比例产生了尺度的不同。但是,对于空间的分割方式、对三维实体与空间的互动关系,无论建筑还是盒子,都是一样的。

　　盒子课题从很简单的正方体入手,用开启—装载—闭合的方式,引发学生对造型—移动性—空间的思考,并完成课题的功能要求,最终达到造型与空间的统一。

　　从实体到空间,盒子课题需要在思路中间考虑开启方式、开启之后的空间状态、闭合之后盒子每个立面的分割方式等细节,这些细节都是在设计中,能引发针对建筑设计、室内设计、包装设计、产品设计、展示设计等一系列空间问题的思考。后置课题"手语盒子",将以人体工学为切入点,再次探讨空间的体积与容积转换,在完成课题对功能要求的同时,把空间变化的巧妙性与手在空间中的功能相结合。

　　盒子的开启方式是重要的空间创意表现方式,学生在整体空间的限制中,尝试不同的开启方式——抽屉式的前后拉开,左右有角度的翻开,上下拉开,成角度的前后翻开,中间转轴式的旋转开启等方式,这些打开的方式,巧妙地利用空间维度进行三维空间的造型变化,使空间在课题约束的尺寸内,得到了最大意义的丰富。

第五节　手语盒子

🎧 比例元素

　　课题要求：（1）制作20cm×20cm×20cm盒子；（2）可以装载一只手；（3）注意表达盒子与手的关系，如：手的造型成为打开盒子的工具，盒子打开之后考虑内部空间与手的呼应关系。

　　课题的训练目的在于把人体工学的比例与尺度加入空间设计中，引发空间对应的比例与结构改变，这种空间针对不同比例尺度的改变，便成为空间的特性。手的特定形态、手所产生的特定比例会自然地引发空间的各种变化。手语盒子课题把手的因素加入到空间训练，使学生更加明确当特定的比例介入空间之后，空间与比例所对应的变化为空间的思维、形态拓展提供了更多的可能性。

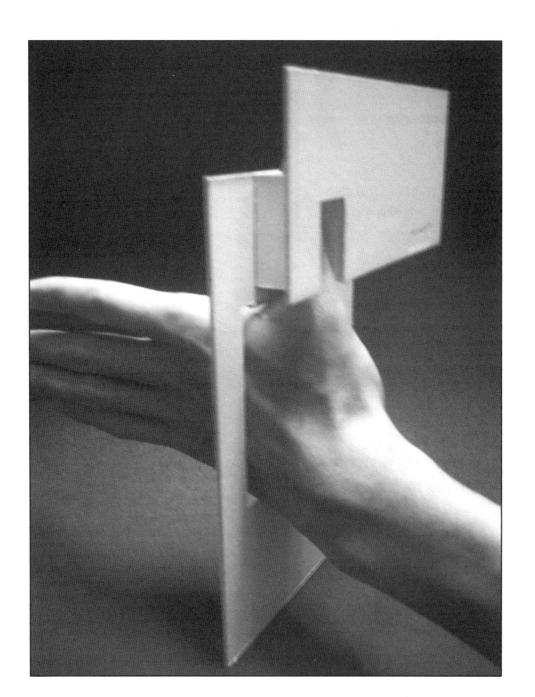

　　斯蒂芬·霍尔的店面改造项目，利用几何形分割的形式重新制作门和窗，在适合功能要求的同时，把店面立面创作出功能以外的"新鲜感"，形成了建筑立面的分割，同时门窗的开启方式、开启之后的状态、可活动的结构，这些都成为空间的创意。

　　从这个案例中，我们可以体会到空间变化的形式与功能，可以是空间意义的、也可以是视觉意义的。在建筑立面的分割、开启、旋转过程中，也可以增加空间的创意。当然，这一切并不只是单纯的装饰，而是必须满足形式与功能相符的前提。

　　从设计作品中获得的典型设计方法告诉我们,主流的空间设计来自空间与造型本身,而空间的创意是无界的,可以从视觉艺术、装置艺术、音乐、舞蹈等各个领域进行思维转换,把获取的视觉经验应用到空间设计中,为空间设计增加更丰富的视觉表现。

手的比例融入空间使手成为空间的视觉象征

把比例融入空间中有很多方式，而这些方式的选择，往往取决于单体造型的选择、造型的组合方式、整体空间的形态等因素。在设计案例中，学生选择用手的动作比例来制作单体造型，这种方式从细节入手，把手的比例从细节贯穿在整体空间造型中。

不同的手势制作成不同的造型，可以在整体空间中作为不同作用的单体而存在，与手的互相作用也是暗含在空间作用中，为实现空间功能增加了更多的可能性。

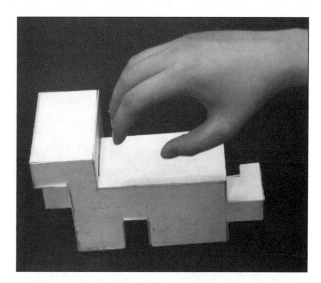

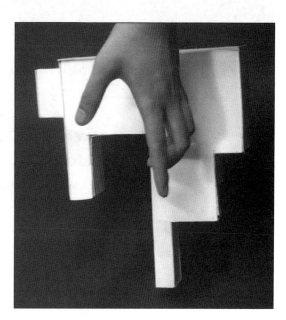

　　手与空间局部造型之间的关系，使盒子局部与整体都贯穿了手的比例与模数。当盒子闭合以后，在手打开盒子的过程中，每一个构件与手都会保持紧密的空间关系。每个构件之间以手形的锁扣相连，最终手成为空间局部造型的比例与视觉象征。

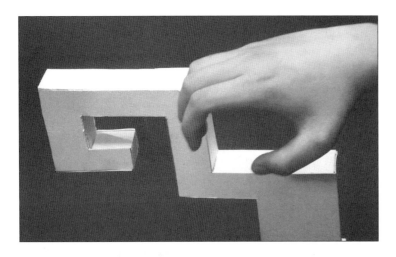

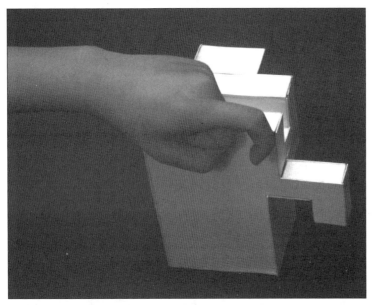

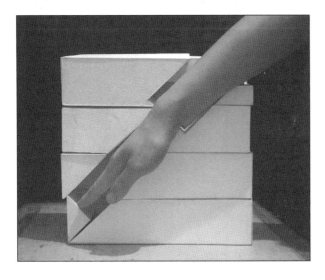

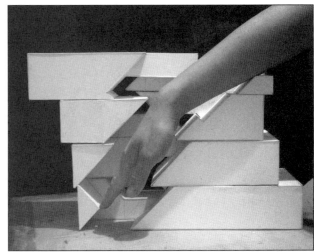

　　学生选择斜切作为整体空间的组合方式，一方面用相同的倾斜角度形成单体与单体之间的协调，一方面利用倾斜的切面组合，在手插入整体空间的时候，盒子的组成部分自动向不同方向展开。盒子的开启方式与盒子内部手的空间占有，两者之间的互动关系成为空间实体与虚体之间的互动，通过互动实现了盒子利用手的因素自然打开的课题要求。

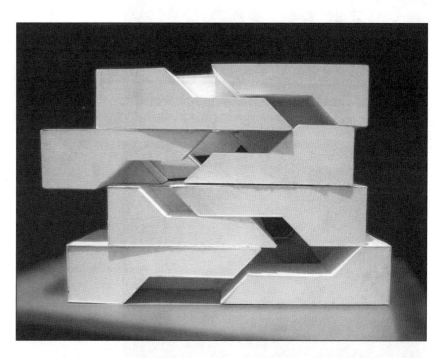

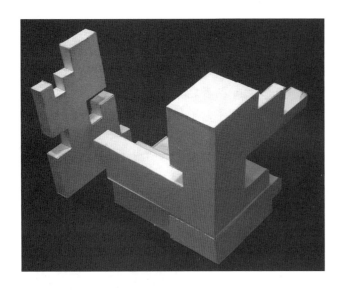

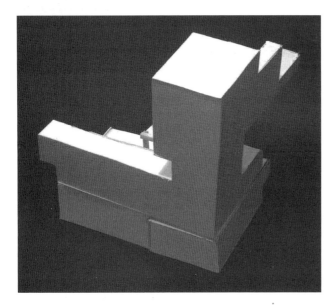

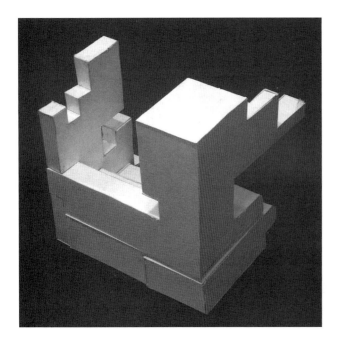

盒子局部的空间构件，逐渐以围合的形式进行组合。组合的过程中，以手为造型比例的局部造型互相镶嵌在一起，非常契合，这一点充分显示出学生对空间构成的理解——充分让单体造型之间进行形态的碰撞，这种组合方式能产生很有力度的造型美感。造型中心的局部空缺，与周围契合的实体产生视觉对比，使造型中心预留的装载手的空间与手的造型产生充分的视觉提示。

　　盒子局部的空间构件与手的造型联系紧密，无论是结构、比例、模数，还是视觉的手的造型象征，都有明显的手的特征。整体空间周围造型密集与中心预留的装载手的空间进行疏密对比，使中间预留的空间充满对装载手的形态提示。盒子打开的方式，运用局部造型之间的斜切连接方式，这些细节都显示出学生对手与盒子关系的密切关注。

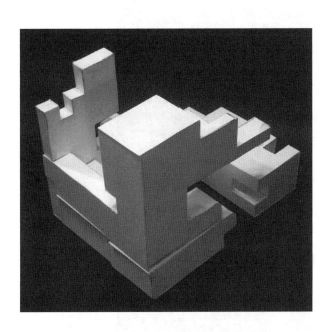

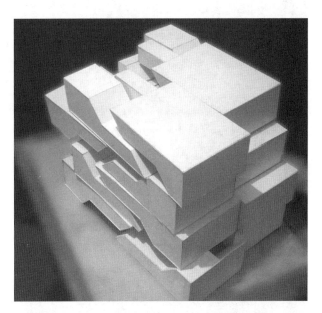

让手的特定语言，成为盒子内部空间的一部分。

手成为空间盒子局部造型的连接体，是学生理解空间的独特方式。手的比例融入结构的比例，不如手直接转化为一个局部造型，成为众多造型局部的连接体。当手伸入盒子内部，成为连接各个立面局部造型的连接体时，盒子将成为一个无法打开的整体；当手从盒子内部取出时，盒子的局部造型又可以自由打开。

手如何进入空间？手和空间产生怎样的互动？手与空间的关系怎样？手的姿势、状态形成的特定空间语言，成为盒子空间变化、组合的趣味。手融入空间，激发了学生更多的空间想象力与创造力。

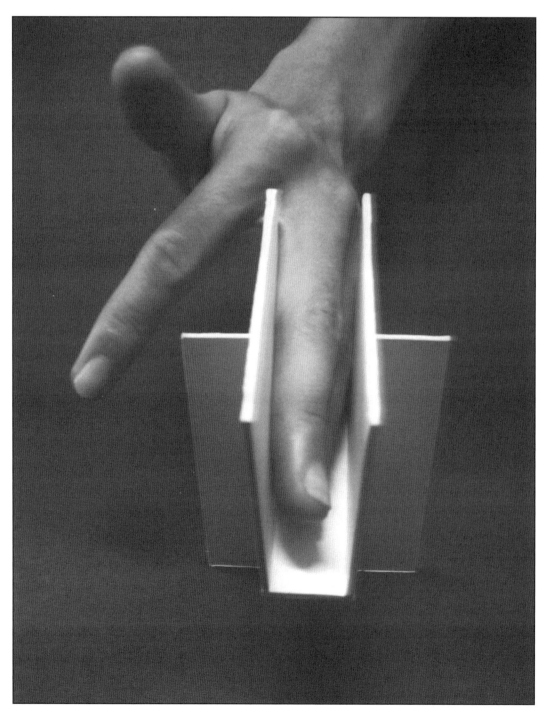

　　手的每个特定姿态，都转化为特定的造型、比例渗透到空间中，最终形成空间细节中造型与比例的契合。手成为盒子内部空间结构的枢纽，好像锁与钥匙的关系，空间的正与负、实与虚与手产生紧密的关系。

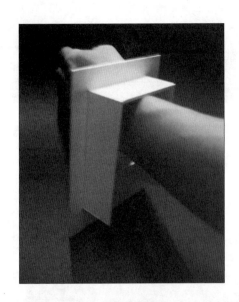

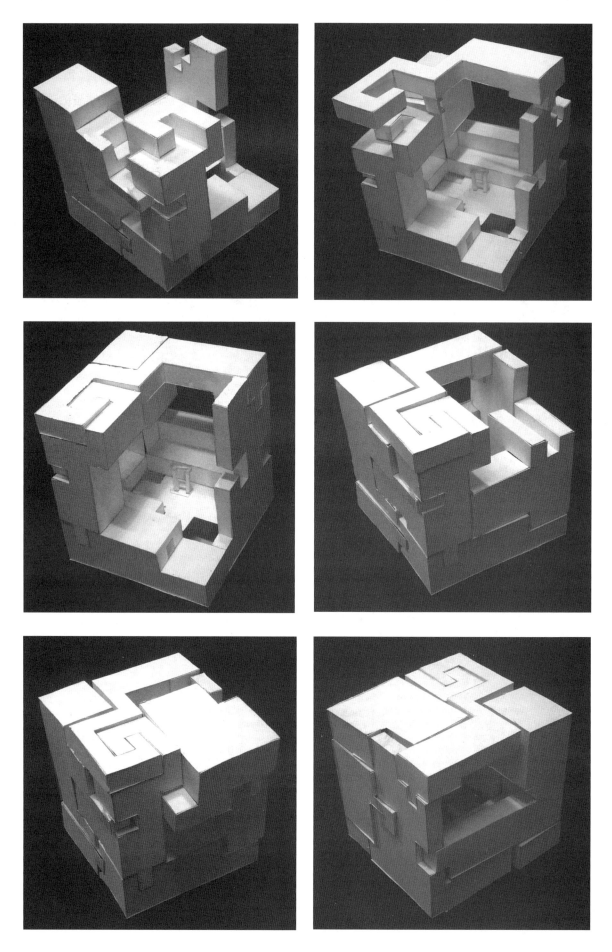

　　盒子的组合从里面看造型分割，似乎很繁复。因为手的进入，盒子繁复的局部融合为一个无法散开的整体，这从空间的组合角度来说，充满了造型的挑战。众多空间局部造型因为对手造型的借鉴，用独特的方式穿插在一起，互相镶嵌，紧密组合而充满视觉力度。手成为空间整体中心部分的枢纽，手的造型也成为空间造型的一部分，这一点也成为空间创意，使手与盒子的关系切合课题的要求。

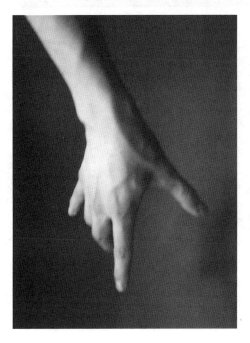
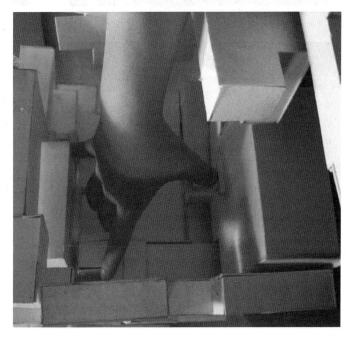

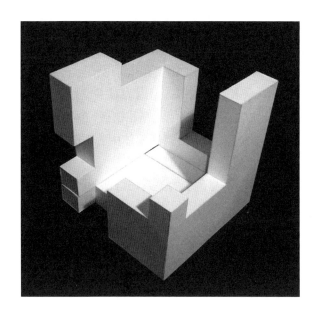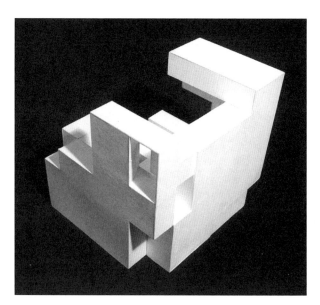

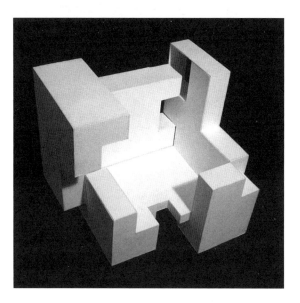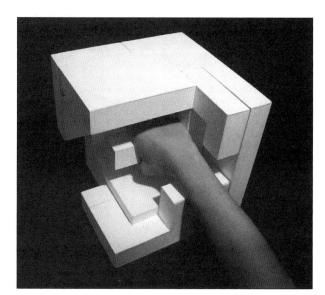

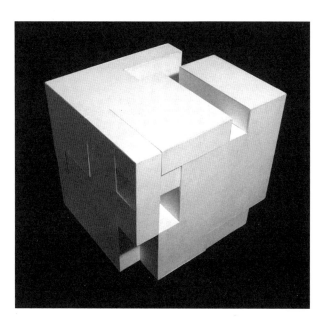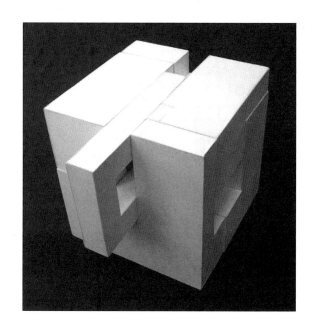

　　盒子组合完毕之后，所有的空间构件完全整合为一体，最后一个构件的契入完成所有构件的内部联结，最终完成整体组合。盒子外立面预留的空间提示手的插入，手进入盒子内部与最后插入的构件互动，完成盒子的开启与闭合。

　　盒子组合设计中，关键的是最后插入盒子的造型，这个造型既是盒子的一部分，又是开启整体空间的钥匙，而启动钥匙需要手的配合，手进入盒子空间内部与关键构件的互动，与课题要求形成呼应。作品中盒子与手的配合，成为盒子空间开启的创意。

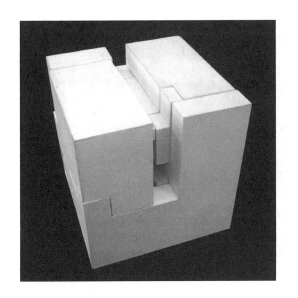

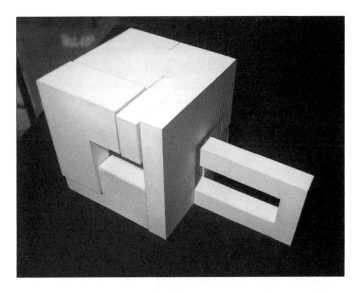

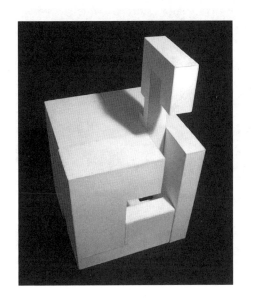

用旋转对称的方式追求几何美感

扎哈·哈迪德用计算机编程获得了难以用语言形容的有机造型，伦佐·皮亚诺用获取的生物形态进行建筑形态重构，获得了具有生态美感的工业建筑形态。这充分说明，从不同的角度对建筑空间造型进行获取与重构，可以获得有表现力的空间形态。换句话说，空间形态的表现力往往来自创作来源的不同与设计方式的差异。

当学生和我谈到用万花筒的视觉图形方式进行空间创作，我便能从视觉造型的角度体会到空间形态的特征——呈旋转对称的图形，在空间创作中可以呈现出强烈的造型美感。造型的切入点与常规的空间设计方法非常不同，这可能成为空间设计的创意点。

盒子最终打开的效果呈现出一种几何形的旋转对称状态。手指插入盒子内部空间的孔洞，就可以使三角形的局部空间旋转分离，分离开的局部有实体有虚体，有结构有框架。分离的状态随着手的旋转，而变得越来越丰富，最终呈现出一种万花筒的视觉状态，而且这种视觉状态是三维的，具有丰富的空间美感。手与盒子的互动成为盒子内部空间的翻转打开方式，三角形的内部结构元素使内部空间细节具有了更多的可发挥性。

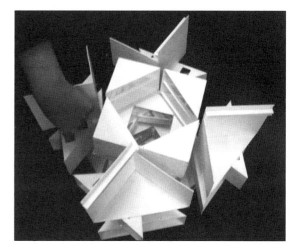

整体空间的组合方式其实很简单，手参与内部空间的翻转、推拉，使空间旋转对称、限定角度的翻转打开，最终使整体空间具有了对称的几何美感。视觉美感与空间效果的结合，成为盒子打开之后独特美感的来源。

"积木盒子"与"手语盒子"两个课题互相补充，一个引导学生从造型角度思考空间，另外一个引导学生把比例导入空间内部，使盒子的内部空间随比例、形态的变化而变化。两个课题把空间设计需要关注的问题，用课题约束的方式使学生有目的地进行训练。

动手的模型实物制作是感受空间创造力、开拓空间想象力的有效方法。在动手训练中，学生可以把二维草图与三维空间实体之间的关系思考清晰，也可以把空间中整体与细节的关系思考清晰。当每个面通过空间的三维穿插、转折，对应起每一个不同的角度与立面的时候，学生就理解了二维造型与三维空间之间的关系。

第六节　星座泥塑

趣味形态

　　空间形态是否可以有所表达？课程中要求学生总结出自己的星座特征，然后用空间、造型语言来表述这些特征。空间设计是否可以加入更多的人文色彩？是否可以尝试用艺术的方式把个性化的语言与空间元素相结合？众多对课题的设想使课堂教学时间更加充满未知。

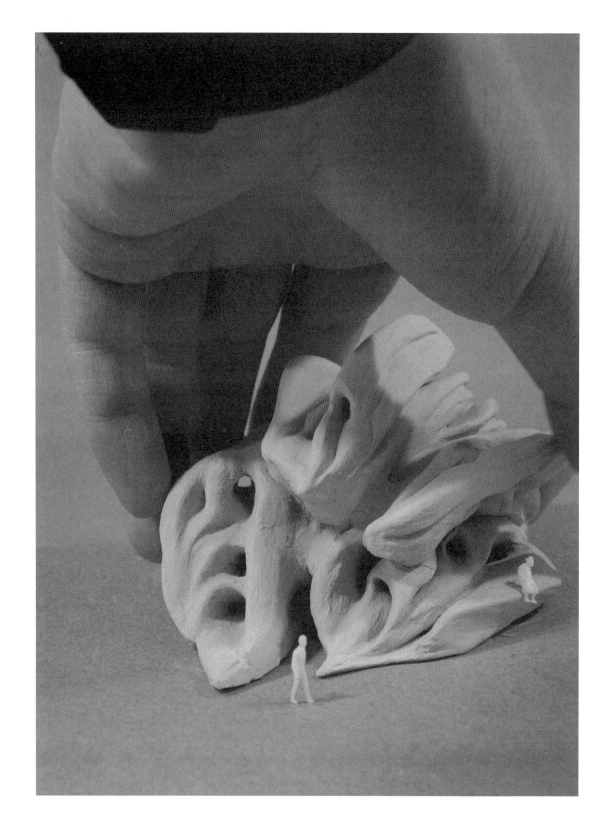

课堂讨论

把对妈妈、哥哥星座与性格的分析，转换为对应的空间形态、元素。

一、双鱼座—妈妈

妈妈是一个典型的感性的双鱼座，在工作、生活中都效率非常高，虽然小时候总是严格要求我，但是实际上她内心是非常柔软的，会因为最近发生的事情或是别人的喜怒哀乐而潜然泪下，情感丰富，帮助别人解决问题，非常乐观积极，在家庭中起到沟通桥梁的作用。

（1）情感丰富—中心卷线—象征柔和曲线的内核

通过中心深邃而曲折的变化，使空间的状态内部和外部有联系，具有多重层次，用曲线、圆弧线互相盘旋在一起，表现丰富的内部层次，让整体造型有细腻的弯曲变化，需要细细看才能发现的那种变化。两者再次联系，同时再次把模型的内芯进行丰富的细节处理（双鱼座表达复杂、梦幻的部分）。

（2）解决问题—整体沟通型—模型在矛盾中产生循环的视错感

用形体的正负空间，互相穿插在白色完整的空间中，不断产生变化。外形中光滑的形体轮廓和笔直硬朗的内部直线造型产生矛盾和冲突，让破碎的立方体和柔美完整的弧状相结合，产生反差、关联。

二、天蝎座—外星人哥哥

天蝎座是一个非常神秘的星座，喜欢探究事物的本质，有着一探究竟的韧性和严密的逻辑推理能力，明明自己的能力是非常强的，但是又非常低调

学生在笔记中提到的"莫比乌斯环"（左图）与"克莱因瓶"（右图）造型

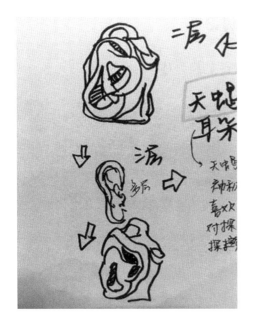
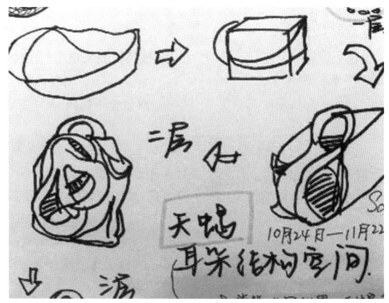

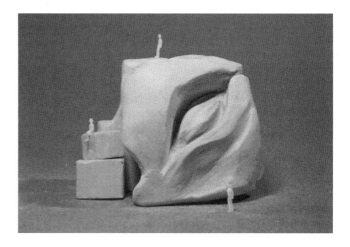

谦逊，觉得仿佛永远都没有学习完所有的可以用到的知识和技能，只能不断探险和向前，就算失败了也并不会特别表露出沮丧或者不满，而是会不断寻找弱点和不足，不断完善自己，总之是非常有魅力的性格。

天蝎神秘灵感来源：把一根纸条扭转180°后再粘接，会形成"莫比乌斯环"，同样打破传统的魔法般效果也在"克莱因瓶"里发生，表面不会终结。

（节选浙江工业大学设计与建筑学院，本科二年级黄雨薇同学的课堂交流笔记）

从学生对星座的文字分析，到制作模型的草图，最后到泥土模型的成品，能感受到学生自发地关注文字到造型的转换部分，把这一部作为空间创作的重点。

课堂教学是从自己、身边熟悉的人的星座特征开始的。星座似乎是当今年轻人热门的聊天话题，学生从文字记录中寻找关键词，并开始自发地进行"从文字到空间元素"的转换，这种自发的行为是与课堂教学中的大量具有空间形态的艺术作品、建筑作品相结合的。课堂教学中学生会看到行为艺术、观念艺术、雕塑、装置作品，并了解艺术家背后的创作理念；另一方面，针对建筑与空间设计的作品分析也在同时进行，学生可以感受到艺术家的感性创造与设计师的理性推演最终承接结果的差异性，这些都是在课堂教学中逐步体会出的"直观感受"，学生运用这些直观感受结合个性化的"空间形态"想象，这些汇集起来，就成为课题实践的开始。

学生通过极具个性化的方式总结出自己的性格特征：犹豫、不自信、做事情关注细节、复杂性……这些关键词都引发了学生们对于造型与空间的想象力。课题的目标在于用文字的捕捉，激发学生对于特定空间语言的思考，通过个性化组合，凸显出空间创作的差异性。

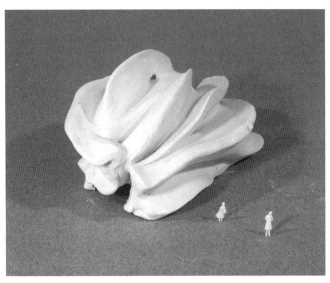

针对复合型性格的表现案例

　　同样是性格中的矛盾因素，上页左图的作品用流畅而复杂的曲面体进行表达，右图的作品似乎用"纠结"的曲面进行表达，这种细微的差异，充分验证了针对相同的主题、相同的关键词，每个人在空间语言选择、使用上的细微差别，这些差别在最终的作业展示中非常明显。当学生们把相同星座的作品放在一起比对，能隐约感受到作品之间的相同与不同。这些空间创作经验，都是学生们对于表现语言、视觉语言的个性化体会。对于年轻的学生们，课程时间的体会既难得又可贵，如何在共性中寻找个性，也许是设计师需要长期探讨的设计问题。

　　作业材料选择雕塑泥料完成，泥料细腻、不易干裂，这种特性有助于学生在创作中更好地研究细节。在后续课程实践中，我们也计划用陶瓷泥料，可以尝试烧制成陶瓷成品。在2019年的课程实践中，我们与三维扫描、打印技术国内领先的南京威布品牌合作，将作品进行三维扫描打印，制作成可以食用的"巧克力"，课程最后一天分发给学生留念。

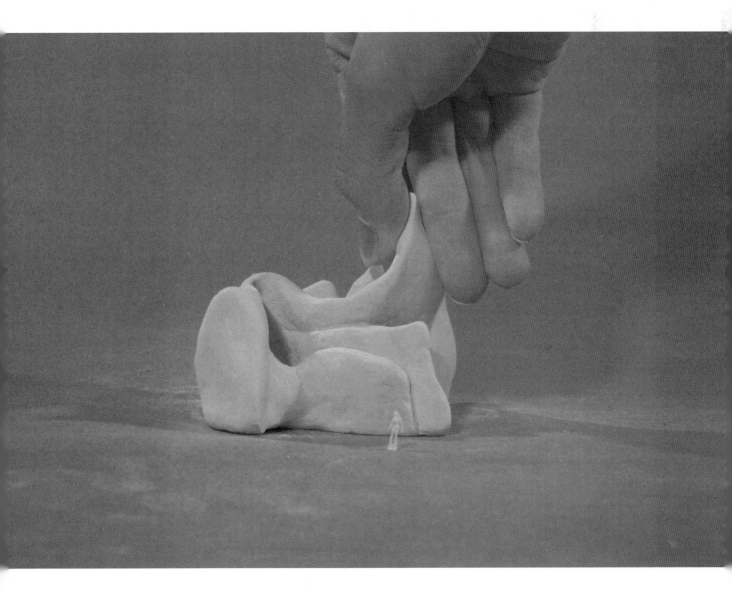

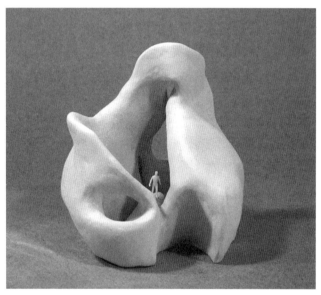

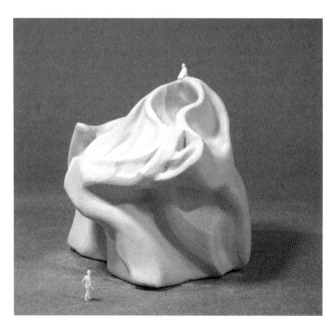

　　针对创作过程的课堂交流，也是课堂教学中很重要的阶段。没有足够的表现语言，往往是制约作品推进的最大障碍。课堂教学中的案例分析、创作进展中阶段性的课堂讨论，尤其是学生针对设计细节的讨论，结合阶段性作品的呈现，可以使学生学到很多造型与空间的"表达语言"。学生们的互相影响，也可以使学生时常从换位思考的角度重新审视自己的作品。

　　"你所表现的内容"是受众体会出的内容吗？由此引发出的思考围绕设计的通感与个性化表达之间的平衡点而展开。

在课堂上为英国法尔茅斯大学校长介绍星座泥塑课程

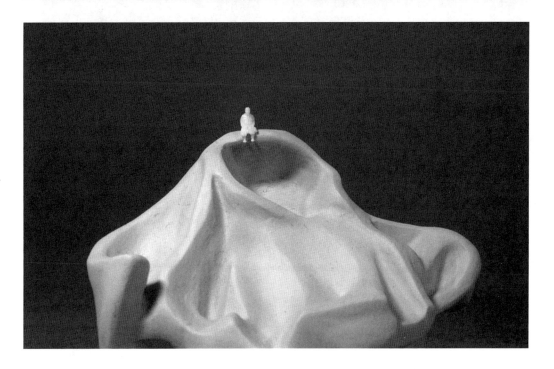

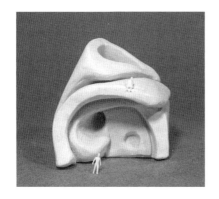
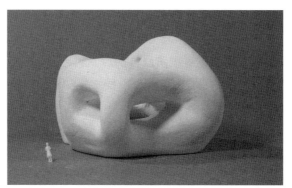
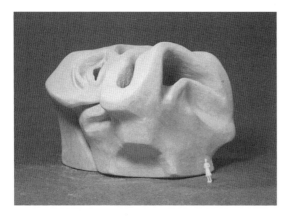

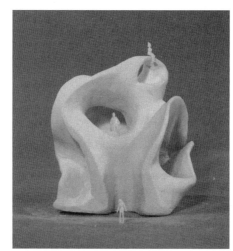

教学实践的课堂气氛始终很活跃，也许是找到了年轻人感兴趣的话题，这也充分验证了"提升学生的学习兴趣"是课堂教学中重要的环节。当课题结束的时候，学生会感受到"模型是什么也许不重要"，重要的是获取造型语言来进行空间创作的思路与途径。学生经历了分析、总结，通过对关键词的提炼，再到文字与造型语言的转换，最终完成了空间造型，整个过程与设计思考的过程极为相似。

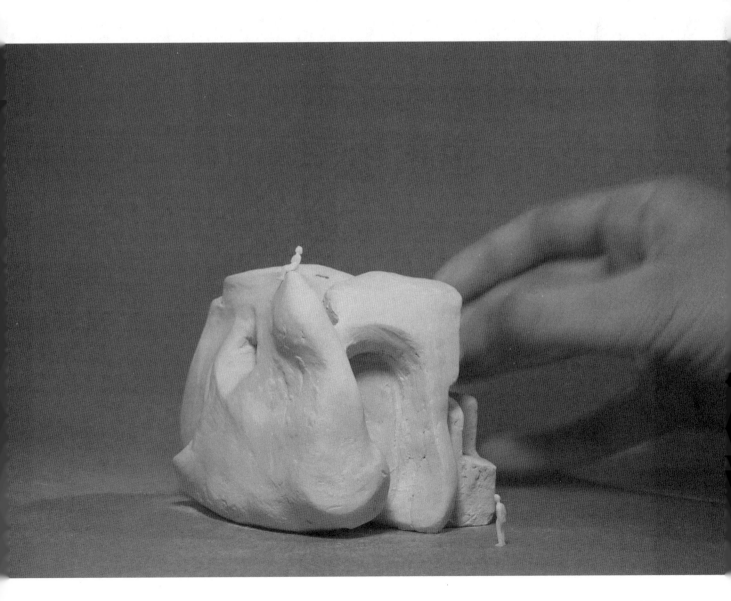

第七节 康定斯基的空间

🎧二维向三维转换

　　康定斯基一生致力于在二维的作品中表现无限的空间维度。二维画面中的空间表现可以成为三维空间形态的起始点吗？也许在同一张康定斯基画面中可以发现无数种三维空间的可能性。

　　课题要求自选构成风格的艺术家作品，进行分析与局部选取（20cm×30cm范围内），选取的部分作为空间的平面，进行空间创作。制作过程中不得改变原作品画面中的细节与元素。

　　康定斯基的作品具有非常多的空间表现可能性，这也许与他的创作初衷契合。大师用尽一生所追求的二维空间，在年轻学生对画面的视觉分析中，成为各种具有想象力的三维空间形态。

模型制作过程记录

从二维到三维这个模型,我找到的是康定斯基的一副作品,这副抽象作品比较明显的特点就是有许多的圆形堆叠,和粗细不同的线的一种穿插关系。(图1)

对于选取作品的图片,结合老师在课堂上的讲述,舍弃外围比较闭塞围合的黑色部分,选取了部分的圆形和线关系相对集中、均匀的区域。(图2)

可以很明显地感受到,这幅画作为平面图是比较复杂的,很多条线和一个个圆交错,给了我很多可能性的选择。最后我选择的一个方向是以圆为主体,进行线性的切割,做出不同的形态,进行比较有条理的加法和减法。并且因为平面的复杂性,在尽量保留画作逻辑规律性的前提下,我的造型里面不需要太复杂就可以有足够的变化,所以摒弃了穿插的方式。(图3)

刚拿到图的时候是一筹莫展的,怎么做呢?我决定先从稍微简单点的右上角入手。圆形被两条线切割成三块可以怎么变化呢?那就试试把中间区域拔高。最黑的一个圆保留,拔高成一个平台,交叉形成的两个对角的三角形再加高形成一个顶面。一开始的尝试是觉得自己在做一个空间。(图4)

最后这一个小部分就是这个形态似乎少了点变化。有意识地在立面也寻找一点变化,最后这个部分综合看来就比较有意思了。(图5、图6)从一个点继续往外做,有的圆比较完整,就可以考虑保留;而被切割的圆就发散出了不同的形状,大大小小,方方圆圆,棱棱角角,各不相同。有时候是加法,堆叠。有时候是减法,围合镂空。

在这个部分,我发现很多条线呈放射状切割圆形,就考虑用逐层垒高的方式完成。而每个平面的各不相同和拔高高度的不同,也很好地丰富了整体效果。(图7)

很快,到了这个阶段,我的方向和感觉就比较稳定了,也能看到比较立体的效果。我给我的模型的定位是比较大型的"商场"或者"图书馆"的感觉,有较为完整的内部空间和层次感很强的外部空间。(图8)

最后,我的第一个模型圆满完成了。制作时间比较长,但收获也很多,我很好地感受到了二维到三维之间无限的可能性,满足!

(以上文字节选自浙江工业大学设计与建筑学院本科二年级孙怡然同学的作业过程记录)

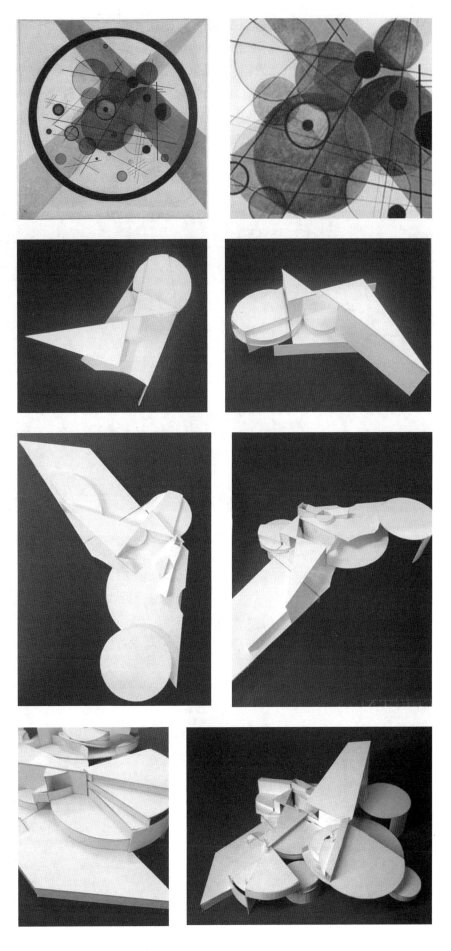

图1、图2
图3、图4
图5、图6
图7、图8

　　学生在进入工作状态之后，往往很多时间耗费在对画面的分析与整理上。通过在画面上对二维造型元素的归纳与梳理，会总结出画家在画面上运用的造型。在分析的开始阶段，面对色彩相对强烈的画面（学生自选），学生往往会受到色彩的干扰。在深入了解课程要求之后，很多学生重新去把选择的画面用复印的方法转换为黑白。通过这样一个小小的细节，我感受到了学生的进步，他们自发地理解了在空间中，造型语言才是第一位的——二维画面中的图形、间距、比例、位置才是重点。

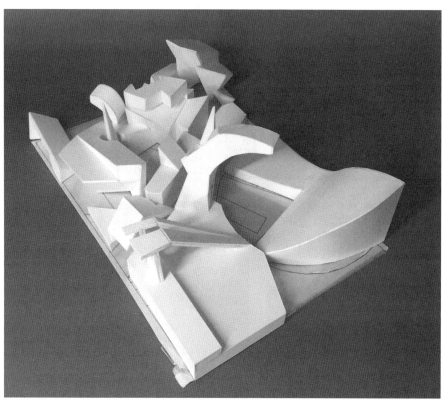

　　对二维造型信息单一维度的升高（如，给每一个图形以不同的高度），是学生们最初使用的空间构成方式，这种方式简单直接，但是却大大损失了"立面"的丰富度。在课堂教学中，我反复用设计案例启发学生对立面的关注。学生在作业的中期，当给予模型一个适当的比例，把模型模拟人的视角进行观察的时候，都会发现立面变化的不足。

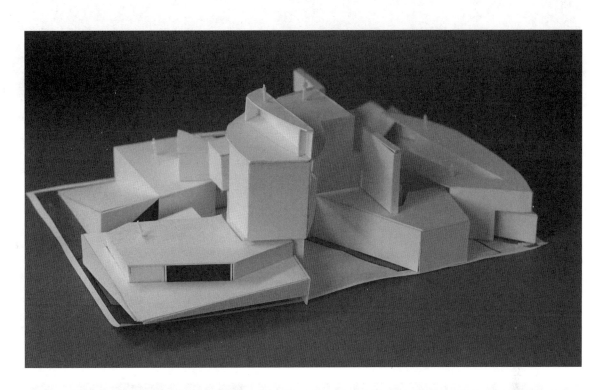

　　动手实践得到的体会，才是对设计经验最直接、最真切的积累。我鼓励学生在模型制作过程中。"不要怕重做"，当脑子里没有足够多的解决问题的方法时，最直接的办法就是多做出几个可能性。当面对一个细节问题，制作出几个可能的局部模型时，通过比较——结合视觉经验与理性分析，往往学生都能准确判断，做出相对正确的选择。这些比较的过程就能总结出大量的视觉经验，甚至很多经验是无法用语言来形容的，这就是手工模型所独有的教学效果。

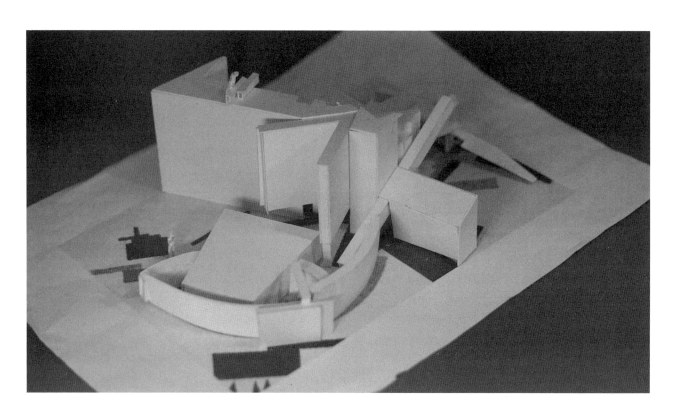

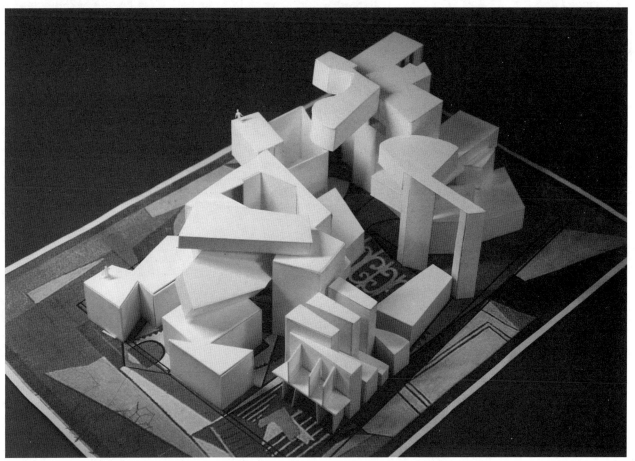

　　课题要求最终模型的平面图要与原画完全符合。课程开始阶段学生往往会忽略这一点要求，制作过程中偶尔有违规的行为，我都会严厉制止。通过课堂教学中的案例分析，学生意识到建筑设计与环境设计对于平面图的要求是严谨而苛刻的，都会自觉地把模型中草率的细节改掉重做。这一点也是设计师需要在实践中逐渐养成的工作习惯，尊重平面图，就是尊重基地现状、尊重规划图。平面图是空间设计的开始。

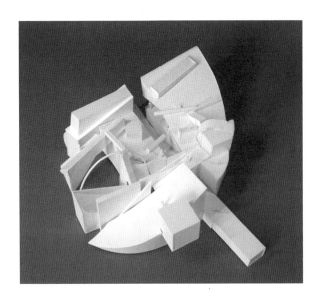
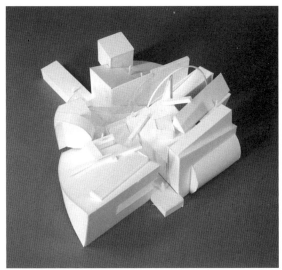
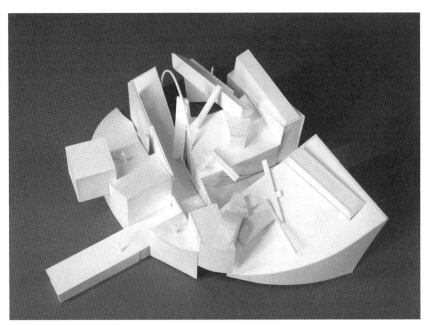
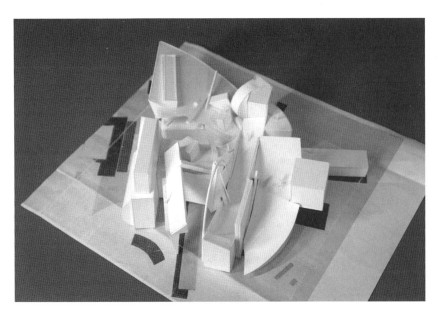

　　从画面的整体中分解出二维图形，逐个转变为三维造型，再进行重组，最后考虑每个局部的互相连接，这种方法也适用于针对课题训练的思考。在模型制作的过程中，很多学生的工作台上都出现了许多具有丰富变化的单体造型，但是不见得适用于最终空间整体的组合需要，这一点也是学生普遍有所感悟的细节。在过程中必须时刻关注局部与整体的关系，才能做到使单体造型与整体空间保持紧密关系，否则就会出现"空"（变化不够丰富）或者"碎"（细节过于琐碎）。

　　课题最终的目标，就是通过动手实践，使学生感受到众多院子平面图的空间构成方式，引发学生关于细节与整体、局部之间的对比关系，各元素之间的呼应关系，整体空间的疏密协调、主次关系等一系列空间创作中的构成经验与视觉经验，并大量积累处理局部细节设计问题的创作经验。同时，与后置设计课题进行设计思维的对接。

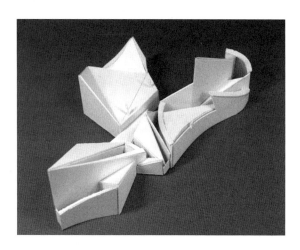
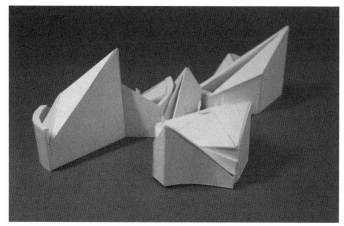
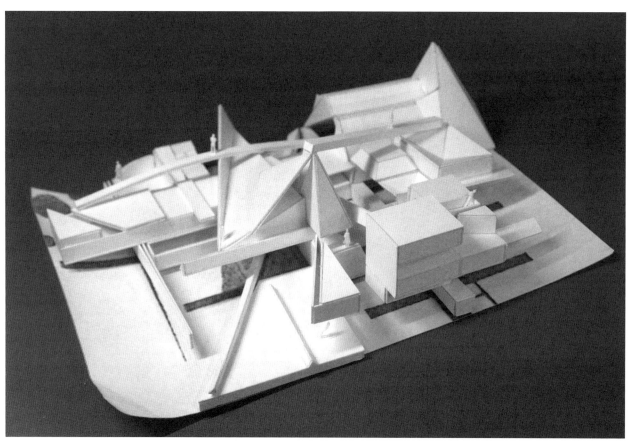

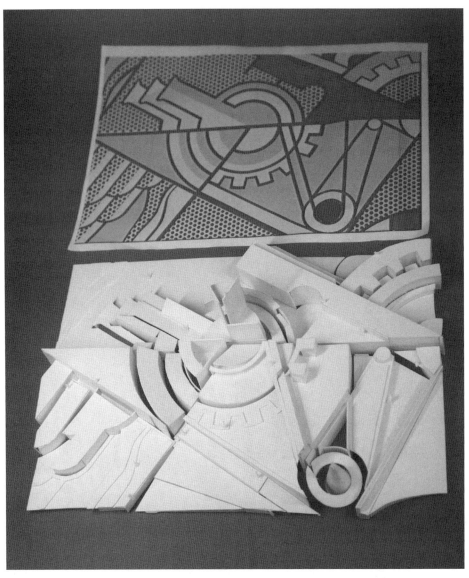

第八节　巴别塔

○叙事性

用圣经中的神话故事作为空间形态创作的出发点，可以暂时让学生抛开对一切空降功能的想象，空间构成暂时不需要功能。从故事情节中获得对空间形态的提示，以故事的叙事脉络和情节作为线索展开空间思维。

课题要求每3 ~ 4名同学为一组，每人制作20cm×20cm×20cm 的模型，最终结合在一起，表述整个故事。课题以探讨神话故事中的情节作为开始，寻找各种在文学作品中提炼造型语言的可能性，故事的脉络、情节的发展都有可能成为空间构成表述的主线。空间与叙事、人文色彩的融入、空间的元素表达、故事的逻辑，都会影响最终作品的呈现方式。

最终作品的呈现，需要把每个人的作品连接在一起。每个人的模型与整体的关系怎样？ 如何连接？呈现方式想要表达什么？ 这一系列问题，使学生的课题创作变得复杂而充满未知。

浙江工业大学设计与建筑学院本科二年级四人创作小组：杜浩兰、花旭、苏海璐、唐慧珍课程作品组合

模型语言课程反馈

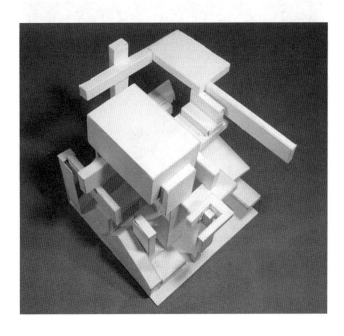

杜浩兰创作部分

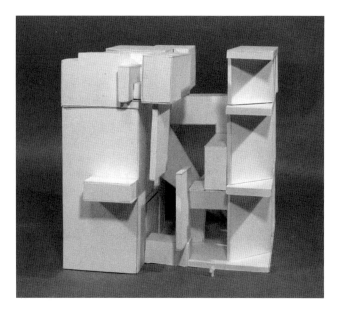

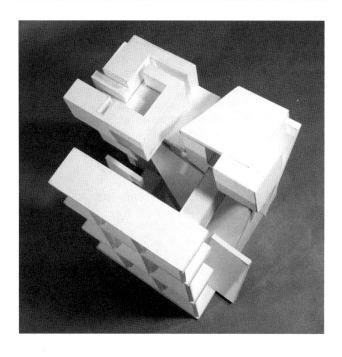

花旭创作部分

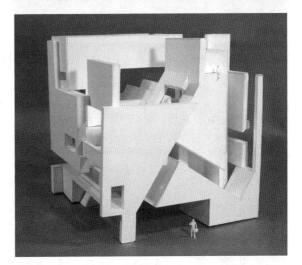

苏海璐创作部分

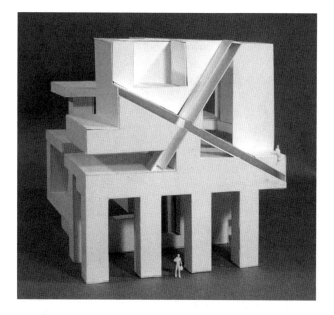
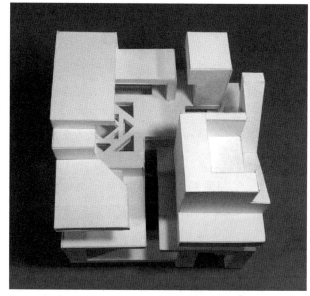

唐慧珍创作部分

　　四位同学创作的四个独立空间模型，整体的设计语言风格非常一致，但是各自有空间形态的差别，这些不同的空间形态，来自四位同学对故事情节的把握和理解，充满了各自的设计特点。课程要求在开始制作模型的时候，就需要考虑好各自的位置、彼此连接的方式，各自制作的部分与整体的关系等细节。最终呈现的效果，需要小组成员之间不断地协调，尤其是针对连接部分的细节，需要各个空间造型之间考虑彼此连接的方式、组合之后对整体效果的影响。这个课题，对小组成员协作的要求较高，需要小组成员从课题开始，到制作过程，到最终的作业呈现，都考虑到彼此的关系。

设计陈述

我们组的设计主题是"巴别塔之崩裂"。情节分布是"搭建—分散—崩裂"（自下而上），也就是一个故事的开头、过程和结局，而我做的是顶层的"崩裂"。巴别塔的故事最后，上帝推倒巨塔，并为了惩罚自大的人类，便分化了他们，让他们语言不通、地域分离，所以我用各式的三角形穿插相接，边缘轮廓起伏不平，以表达剧变、分裂的意思。

（节选自浙江工业大学本科二年级学生杨心瑜的作品自述）

浙江工业大学设计与建筑学院杨心瑜、张锦南、庄沈婷三人小组作品组合

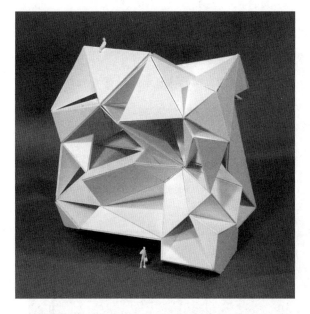
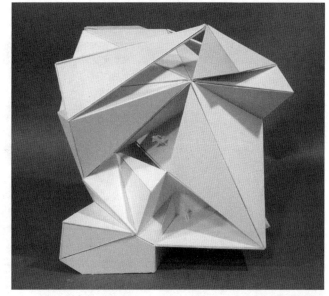
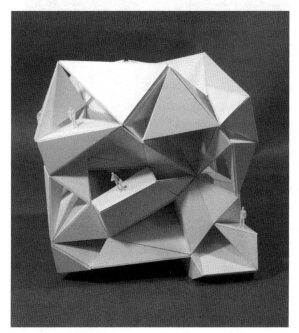
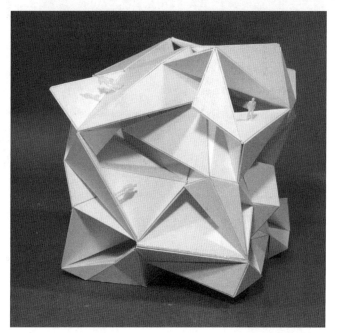

杨心瑜创作部分

　　设计小组把故事情节梳理成三部分，按照故事发展的顺序进行空间组合，但是并没有刻板地把故事情节转换为"协调"的整体，而是按照故事情节的发展，自下而上地进行形态的分解与变形处理，最终达到"最终的崩裂"。呈现了整体空间从有序到无序，从理性到感性的递进过程。

张锦南创作部分

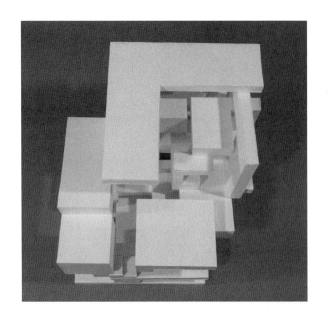

庄沈婷创作部分

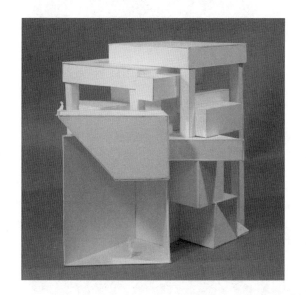
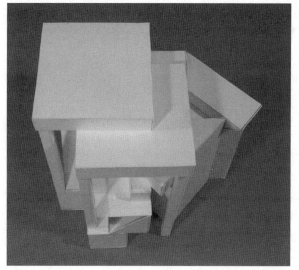

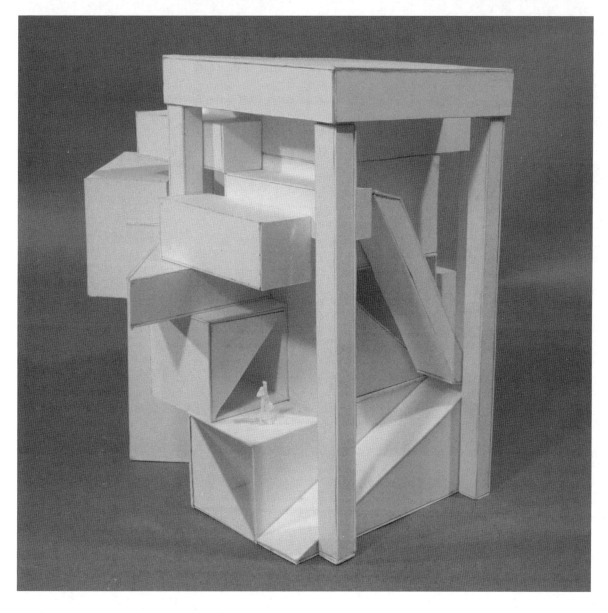

　　把空间形态与文学作品中的文字叙事进行比对，是空间设计在教学中常规使用的工作方式之一。利用故事情节中没有任何客观存在依据的形态作为空间想象的起点，是选择神话故事作为课题要求的主要原因。建筑没有在现实世界存在的可能性，似乎就能给学生最大限度的想象空间，而不受任何束缚。解读文字，从文字叙述中找到空间与形态的线索，进行主观组合，为空间的想象力的抒发提供了无限可能。

第九节　契合积木

　　空间与造型以虚实的方式互为依托，课题中严格要求完全契合。当整体空间形态被拆解的时候，学生感受到了"正空间与负空间"是"同时"存在的。

　　课程要求学生在20cm×20cm×20cm范围内进行切分，创造出一套"积木"，进行组合再创作。要求切分的各空间元素之间必须契合，不得有剩余。

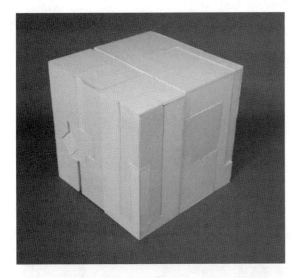
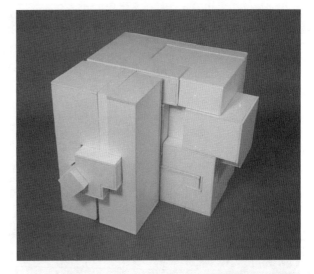
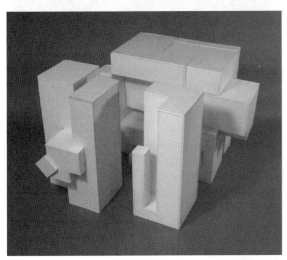
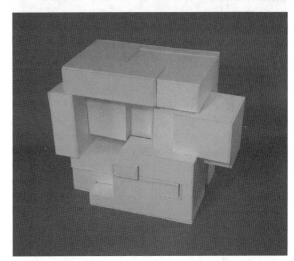
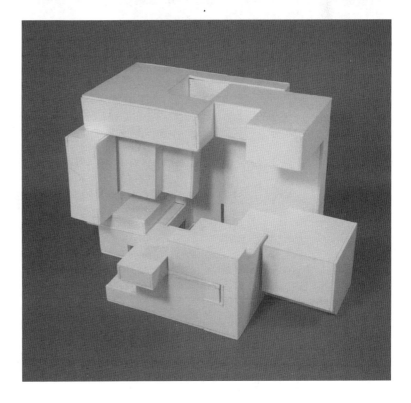

空间积木拆解的过程，就是空间元素展现构成关系的过程。设计过程中严格要求"不能有剩余部分"，所有在20cm×20cm×20cm范围内的空间体积都必须考虑在内，这一点学生们最初不理解。随着课题的深入，在课堂教学中分析各种设计案例，学生逐渐明白了"互相契合"就是最本质的建筑与空间的关系。

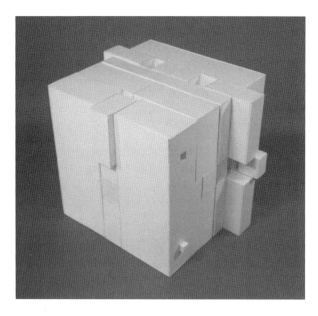
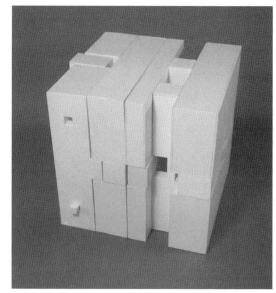

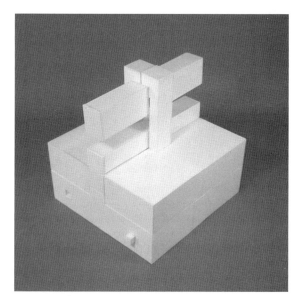
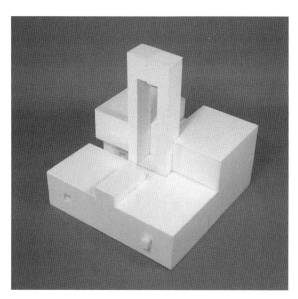
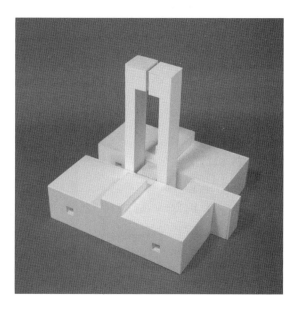

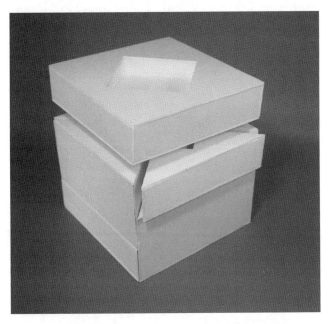
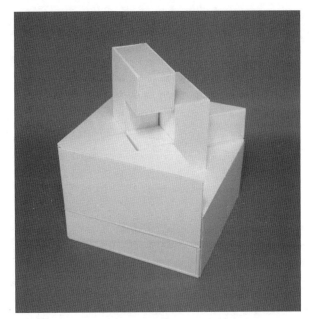
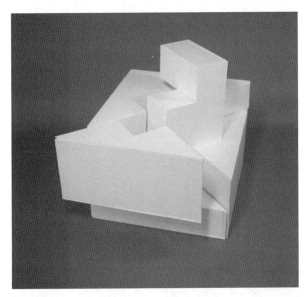
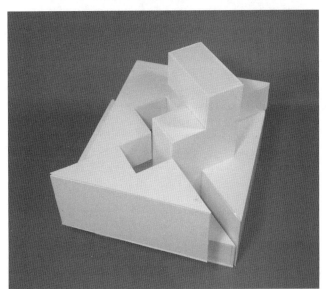

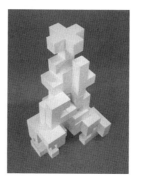

空间建构 ◎元素与构成

第十节　实践教学总结

2002年的夏天,偶然一次在山东高校的构成课堂上,我看到学生厚厚的笔记本,上面密密麻麻的像记录数学公式一样记满了设计的各种定义,"什么叫色彩的对比? 什么叫色调?"我感到一种无奈。这使我想到了很多——关于教学方法、关于学习方法、关于设计……也许太多学生因为在学习中遇到问题,导致对设计学习的兴趣降低,甚至放弃。

2001年开始大学任教至今,我一直在努力使课程、课题"简单",因为我深刻地体会到只有教师对问题能做到"深入浅出",才会使学生"事半功倍"。无论是设计课程还是基础课程,学生只有在基础阶段觉得"简单"了,才会有兴趣、大胆地迈出第一步。但是,有很多学生面对设计基础的学习就"望而却步",这是不是教师的责任?

作者在本书中希望能通过"课题"的分析与归类,尝试用"课题"分解"问题"。每个基础课题既是关于立体构型知识的分解与整合,又是对后置设计课程学习的对应与延展。很多让学生感觉枯燥乏味的理论知识都融汇在课题中,课题的具体要求是对学生思维可能产生歧义的预见,力求每个课题能有效解决一个问题,最终所有课题的汇总就是把基础课题的"点"连成"线"。有效地由简到繁,由加到减,由局部到整体,让我们一起循序渐进地解决问题。通过基础课题与相关课题的联系、与设计和雕塑的对应,希望能使学生在学习的过程中多方面、多角度地思考,更明确基础课题与设计的关系。

制作模型对于学空间相关设计专业的学生来说,既是一门技能,又是一种思考问题的方式。课程以模型制作为切入点,使学生在完成课程作业的过程中逐步适应构思—草图—草模—模型的基本思考方式,从基础课只是习惯运用"形象思维"这一种思维方式,逐步转换为"从平面到三维、从造型到空间"的思维方式。

设计不同于艺术,至少在设计基础课程的层面上应该把设计与艺术的关系明确分离,否则学生不会把设计课题的最终目的定义为"发现问题与解决问题",更不会理解设计思路是不断在各种条件制约中发展的。十几年的设计基础课程教学中,我深刻地体会到设计与艺术在设计基础课题层面的差异性。差异的根本在于设计与艺术的目的完全不同,设计的意义在于解决问题的方式与最终呈现的结果,而艺术的目的也许在于用思路与方法不断地验证艺术是没有标准、没有规则的。

课程的目的,首先是让学生熟悉模型制作的思路及方法;其次是让学生学会用"模型"的方式思考,并逐步完善立体与空间的构思模式,构建完善的空间思维体系。

与艺术设计专业类学校有区别的是,综合类大学的学生也许在基础课程阶段并没有接触到专业类学校学生那么广泛的专业知识,但是他们的逻辑思维能力超出我的预期。这使得在课程进行过程中,我遇到的第一个问题就是解释给我的学生们:这个课程最终的目的是什么? 这也许对我来说,是一个很有意思的问题。在学生没有开始思维表述之前，我需要先用语言表述给他们很多专业问题：什么是空间的本质？空间设计需要解决什么问题？基本思路是什么？课程作业的每一项要求从专业角度来说都意味着什么？……这是我之前并没有尝试过的。之前在专业院校的任教经历，使我一般不会在课程开始阶段就努力把课程所要达到的目的陈述给学生、形容给学生，因为我怕过多地强调目的性会导致学生思路延展的雷同，在创作思路推进的过程中使学生过分关注结果而忽略了众多思维过程的可能性。但是课程作业的结果又使我深刻地体会到，学生构思问题的方式也是多样的，他们并不会因为目标过于清晰而导致思维方式的雷同。学生思维的起始点是与他们的年龄以及设计所赋予他们的时代特征密切关联的，他们对于空间思维的创意点捕捉，甚至可以来自手机游戏的截图、科幻小说的片断、一幅感兴趣的电脑插画作品，以及在淘宝网站上吸引他们的新奇玩具。确定创意起始点以后，学生用推导的方式，借助模数、平行移动、延长线的方式进行空间的立体切割，以此弥补了空间造型思维的不足。这充分证明了在学生的年龄，他们的思维是开放的、多元的，他们用自我的方式接收着来自方方面面的信息，他们对待设计生成的思路是随着社会的发展而革新的，这对教师提出了新的要求。教师必须在原有课程的基础上不断完善和改进，以适应学生思维发展的需要。教学方式需要改变，设计思路需要改变，教师的思维方式更需要随着学生的需要而完善与更新。

　　设计基础课程中，对于空间构建方式的系列课题我一直在不断地完善与改进，改进的目的：一方面为了衔接设计基础课程与专业设计课程的需要做出知识补充与改良，另外一方面我设想把设计基础课程的"空间感知与空间构建"这个对于空间相关在学科来说，广义基础（通识基础）知识与专业基础衔接阶段非常关键的连接点，进行全面的课题设计与实践，使学生在走向专业学习的第一步可以顺利地过渡。

　　空间构建系列课题，到目前为止，我进行了16项课题的实践与课题思路的总结，将会陆续出版对应空间构成课题的设计基础教学实践丛书。

第六章　寻找更多课题创新的思路

第一节　设计元素的可能性

一、从设计的角度理解空间造型

学习空间造型的意义何在？是不是空间意识只有对建筑、产品设计等立体造型设计专业才会有帮助？这些问题经常会困扰基础课程的学生们，他们也会在课堂上经常向我提问。我深深地感到，学生的提问是因为他们并没有从根本上理解空间造型，他们仅仅是感受到了空间造型与众多设计类别、艺术类别之间的关系。

在多年的教学实践中我体会到，在设计基础教学阶段，引导学生正确地界定空间，把空间与视觉空间区分开，意义并不在于对概念的分辨，重要的是使学生更加有目标地进行学习。空间并不是简单地把视觉造型在某一个角度、某一个面进行再现，而应该利用空间的特质，或者利用空间的表现方式，进行二维造型向三维造型的转换，而转换的方式，就是空间创意的过程。

二、获取二维元素进行三维重构

康定斯基的绘画作品充满了神秘的、富有表现力的画面语言，这些语言通过点线面、色彩、光影的互相配合，使画面呈现出一种完全个性化的视觉状态。把以二维形式存在于画面上的造型语言，进行提炼、重组，转化为三维的表现方式，就可以呈现出一种介于雕塑、装置之间的新的造型状态。这种从二维画面中提取元素，进行三维空间造型转换的方式，是最直接的一种获取空间创意的方式，也是设计师经常应用的方式。这种三维造型方式，最重要的是，在进行三维元素重组的时候，需要运用空间造型方式，多角度、多维度地占有空间，才能使最终获得的空间造型符合三维设计的标准。

从面到体的转换，是典型的二维到三维的空间造型方式。最简单的是直接使用二维图形，进行不同维度的面与体的转换，最终获得立面与二维图形相呼应，不同立面获得不同视觉效果的空间造型整体。转换得来的空间造型最终可以获得多个面变化的视觉效果。

中国传统园林设计对于空间造景的要求中，最典型的"步移景异"便是要求在空间中，不同的面与角度，要获得尽可能变化的视觉效果。这一点也是空间设计中，将二维图形转换为三维空间造型的意义所在。

　　蒙德里安的画面充满了视觉图形的二维构成结构，色彩与分形的结合，使画面具有一种构成美。许多设计师利用二维图形转换为三维空间造型的设计方式，获得了不同的视觉效果，但是大量设计作品的来源都是蒙德里安画面的比例、色彩与典型的画面二维构成元素。

三、利用二维空间的视错觉创造三维空间

美国新锐乐队 OK Go 的 MV《*The Writing's On the Wall*》，在一个大空间内完成拍摄。在看似凌乱的大空间内，持续移动的摄像机把空间中一件件看似杂乱的物件，利用特殊的角度、色彩组合成各种视觉图形。但是，无意间乐手在场景中的穿梭，又告诉你"看错了"。这种利用构成错视而达到的空间感，是介于二维与三维之间的表现形式，有点像风靡世界的立体画，只限于在某个特定角度才能完成设计者所设想的空间视觉效果，但是——视觉效果是二维意义的（因为仅限于一个角度观看），场景是三维空间的。在二维与三维的变化与视觉的自我否定中，完成了来自空间的创意。这种对于空间意识的应用，是设计师基于视觉效果的三维尝试。

四、空间的内与外可以无限延展

2002年，伊东丰雄在英国伦敦设计了蛇形画廊（Serpentine Gallery），这个18m×18m×4.8m的方形盒子尽可能弱化了建筑的围合感，自由地向任何一个方向扩展，与周围的环境息息相通。

建筑造型设计中已经没有通常的墙、柱、梁、窗和门之间的区分，一切似乎都处在变动中。建筑立面的通透处理，使空间的内与外、虚与实一切都在互相转化中。

　　建筑师伊东丰雄与塞西尔·贝尔蒙德和 Arup 公司在蛇形画廊（Serpentine Gallery）展厅的设计中，把建筑设计成从外表上看似乎是一个非常复杂的随机模式，但其实是一种旋转的立方体计算方法求得的建筑立面效果。建筑立面的线、相交线形成了不同的三角形、梯形，呈现出透明和半透明感的无限次重复运动。

　　尽管这个临时建筑只存在了3个月，却足以让感受到空间设计的每个人都惊讶——一个简单的方形盒子空间可以利用立面的构成方式体现一种数学运算的理性方式所创造出的轻松动感。空间设计的精彩可以来源于建筑的外在，也可以来源于建筑的内在；可以来自空间的形态，也可以来自与众不同的造型设计方式。

　　米兰设计展中 HM 旗下的瑞典时装品牌 COS 与日本设计公司 Nendo 合作 "Salone del Mobile 2014" 装置艺术展。展览把 COS 服装的创新展示设计提升到装置艺术的高度，在他们的空间展示创意中，二维与三维、平面与立体的界限被全新的视觉概念打破，展示设计的不同立面都呈现出一种平面构成状态的正方形分割，而不同面的组合，使这种平面化的构成呈现出空间状态，并且有视觉的延续性。

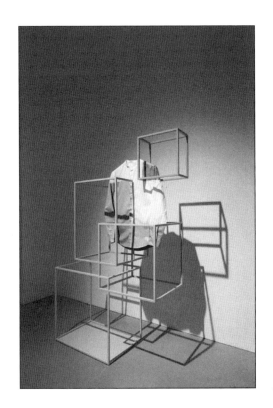

五、空间质感的表现

空间的形成必然会与材料发生关联，利用质感的转换可以弥补空间感的不足。在众多成功的店面设计案例中，有很多设计师借助材料的转换，使空间呈现出与众不同的状态，并能和商品产生意义的关联。日本 Suppose Design Office 建筑事务所在 Karis 服装店设计的室内设计中，用价值低廉的用于纺织的纸质线轴进行空间的构建，使室内空间产生一种奇异的质感效果。

Karis 服装店设计　Suppose Design Office 建筑事务所

　　提到建筑的质感，不得不说的是：在弗兰克·盖里的建筑中，合金材料的应用已经超越了建筑材料本身，成为设计师的个人符号。合金材料的应用，可以利用反射原理降低室外光线对室内温度的影响，并能根据建筑外轮廓随意造型。在弗兰克·盖里与LV品牌合作的橱窗展示设计中，金属材料和曲线造型的使用，很好地与服装产生了质感与造型的对比，作为背景衬托出橱窗展品的视觉中心。

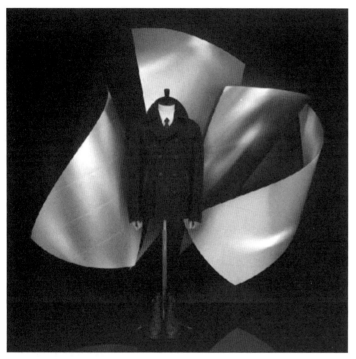

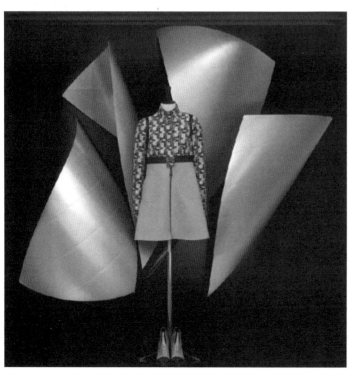

　　弗兰克·盖里的建筑语言，通过比例变化，也可以用于橱窗展示设计，这一点充分说明了三维造型与空间设计的语言是通过比例变化来适用于不同的功能的。作为造型语言，无论是建筑、雕塑、家具、展示设计，所运用的造型元素和构成方式都是相同的。

Louis Vuitton 品牌展示设计　弗兰克·盖里
克利夫兰 Lou Ruvo 脑部医疗中心建筑局部 弗兰克·盖里

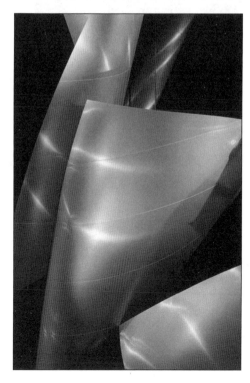

六、光作为造型与空间的辅助表现

照明作为空间设计的辅助表现语言，已经成为独立的设计学科——照明设计。在科学数据与审美表现之间，照明设计已经可以和空间设计互相结合，成为空间表现的一部分。在欧洲的建筑设计基础课程中，有研究光影表现与建筑结构表现之间的关系的相关素描课程。造型的凹凸必然产生光影，光影也可以反作用于结构的视觉表现。在这个基础上，光构成也可以选择以独立的方式出现在空间中，光的色彩、强弱、点线面属性既可以为空间锦上添花，也可以独立成为空间的表现。

芬兰 FAT LADY 夜总会　Arkkiteht 设计工作室 M&Y

七、用折纸的原理表现三维造型的美感

服装设计师三宅一生的服装造型与肌理，把介于折纸与建筑之间的方式通过视觉语言表达出来。抛开服装的使用价值，单纯从艺术的角度衡量，三宅一生的2015春夏系列服装设计是通过造型与肌理来表现人与服装的空间关系的。

三宅一生品牌2015春夏系列时装

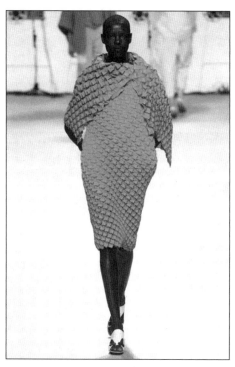
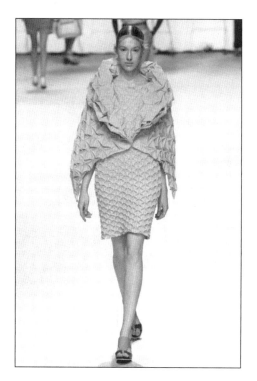

　　三宅一生的服装设计是介于服装与装置之间的一种视觉语言表现，可以更具体地把这种表现方式理解为"身体装置"。服装设计的元素可以与空间构成的元素做出对应，设计师的创作是在寻找空间造型的构建方式，并把身体作为造型的一部分、空间的比例依据，融合在空间表现中。设计师在构成元素中，把服装材料的点线面构成元素与身体的关系考虑为装置与载体之间的构建关系。

第二节　课题训练的拓展与实践

浙江工业大学毕业生课程反馈

如何有针对性地解决设计基础问题，是众多院校关注的教学问题。在教学实践中，将教学课题的设置与设计问题进行对应，将设计问题用基础课题的特有形式进行呈现，可以成功地引导学生用浅显的形式探讨专业问题，引发学生对设计思维方式的关注。

一、中央美术学院城市设计学院课题——文字与空间的转换

索伏洛尼亚是由两个半边城市构成的城市。在一边，有驼峰般陡峭山壁间的巨大过山车，装有链条轮辐的旋转木马，有旋转舱的摩天轮，蹲伏的摩托骑士的死亡飞跃，正中吊着空中飞人荡秋千的马戏团大圆顶帐篷。另外半边城市，则是石头、大理石和水泥建成的银行、工厂、宫殿、屠宰场、学校，等等。两个半边城，一个是永久固定的，另一个则是临时的，时间一到，就会拔钉子、拆架子，被卸开、运走，移植到另一个半边城市的空地上。——节选自《看不见的城市》轻盈的城市之四（伊塔洛·卡尔维诺／著 译林出版社）

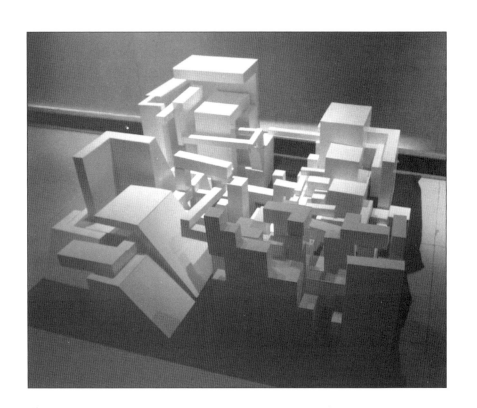

浙江工业大学毕业生课程反馈

　　寻找文字中对空间的表达方式与视觉空间表达方式之间的关系，是通过媒介的转换，使学生对空间进行主观感知、表现，是属于空间语言表达的课程训练。《看不见的城市》中对于空间的描述是抽象的、充满想象力的，这恰恰为学生的空间想象力提供了拓展的余地。学生把文字的节选片段（由课程教师提供众多文字片段，学生自由选择）作为空间创作的起点，通过文字的词、句进行空间元素的转换，最终完成整体空间的构建。最终的课程作业，是通过作品之间的比对、作品与文字片段的比对，使学生感受空间语言与我们日常生活中熟知的文字语言之间的对应与转换关系。

二、匈牙利佩奇大学波拉克工程学院建筑基础课题——正方体的切割

课题训练从一个简单集合体的切割入手，把建筑基础课程所必须涉及的制图、模型制作、空间想象等基础训练要素，结合在课题训练中。作为本科一年级设计课程的第一门专业基础课，课程训练既要解决学生的三维思维能力、动手能力，又要尽可能激发学生对建筑设计的兴趣。

课题要求：切割一个10cm×10cm×10cm的正方体，借鉴榫卯结构的造型特征与构造方式，使切割后的正方体局部之间呈现出互相搭接、镶嵌的构成结构。

　　榫卯是中国古代工匠极为精巧的发明,这种构件连接方式,使得中国传统的木结构成为超越了当代建筑排架、框架或者刚架的特殊柔性结构体,不但可以承受较大的荷载,而且允许产生一定的变形,在地震荷载下通过变形抵消一定的地震能量,减小结构的地震响应。在现代家居设计中,榫卯结构更是以视觉美感与结构美感并置的方式,成为一种独特的造型空间构成风格。

　　欧洲建筑学院的学生,特别是建筑、室内设计、家具设计等设计专业的基础课学生,对中国的古典建筑结构中的榫卯结构非常感兴趣。他们觉得榫卯结构既是三维造型,又是解构的构件,既具有造型分割的感性美感,又具有结构的精密美感,是一种非常精巧的构造形式。

　　匈牙利PECS大学波拉克工程学院建筑系,有来自欧洲各个国家的学生,针对不同专业设置共同的建筑基础课程,分为艺术与建筑基础两部分。空间相关课程属于专业基础课程的第一环节。课题设置以中国的榫卯结构作为造型方式、造型分割方式的切入点,对学生进行造型创作、造型切割、空间想象、结构与构建、手工制图与模型制作等知识环节的造型与空间综合基础训练。

空间建构 ◎元素与构成

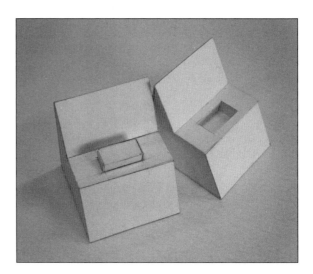
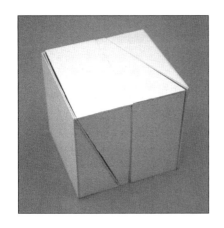

空间建构 ◎元素与构成

　　无论是在国内大学的课堂还是在欧洲大学课堂，学生在刚刚进入基础课学习的阶段，大多数对空间的理解都只是在视觉意义上的，对空间的感性理解成为创作的主导。但是对于建筑而言，设计师在设计过程中不得不顾及建筑中众多的制约因素，如结构、构造方式等。课题中融入对榫卯结构的讲解与借鉴，通过直观的了解，使学生体会到造型、空间、结构可以通过建筑特有的方式进行结合，元素之间并不是孤立的存在。

　　因为是针对建筑专业学生的建筑基础（Basics of Architectural）课程制定的第一个课题，所以课题设定的创作难度极低。课题训练中需要兼顾模型制作、手绘制图的对应训练。

三、浙江工业大学设计与建筑学院测绘与构造认知课题——平衡游戏

对于建筑设计必须要涉及的建筑构造部分，学生在基础课程学习阶段往往难以进入状态，因为建筑构造的学习需要以数学运算和物理的力学支持为前提。建筑结构既可以作为建筑造型的辅助学科，又可以用结构引领造型的发挥，以这两种造型思路主导的建筑设计，在建筑设计领域都有众多的成功案例。

从广义的审美角度分析平衡与审美的关系，会得出结论：审美的基础来自视觉的平衡，但是视觉的平衡不一定是美的标准。舞蹈家的双人舞蹈动作组合，美感的传达来自个体姿势的造型美感、双人组合的平衡美感。

课题要求：学生分组，尝试利用各种姿态，达到最终一个学生双脚着地的稳固姿态，并完成拍照记录。用绘画的方式进行记录、逐步简化，最终画出力的传递线与结构图。

摄影师约翰·凯恩和美国皮洛布鲁斯舞团合作拍摄的以"平衡"为主题的人体摄影

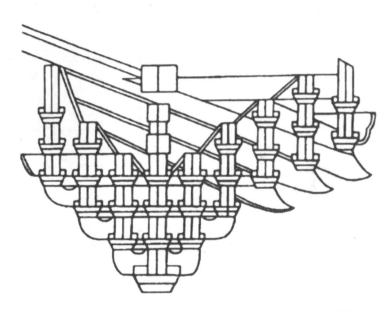

《营造法式》中的斗拱结构图示

　　舞蹈家的舞蹈动作、中国古建筑的局部——斗拱结构，两者之间的关系似乎毫无关联，又似乎在视觉平衡与力学平衡之间充满关联。由于重力的关系，双人的肢体协调动作必须符合力学规律（相对于建筑的结构规律），最终得到可以稳定的平衡状态。这种状态的视觉造型，与建筑结构的力学支撑方式极为相似。

　　课题设计的意义在于用最简单直观的方式，把综合了众多知识点的建筑结构环节，从力学意义上对学生进行简要的视觉传达。学生通过实践可以感受到结构既需要从造型方面考虑，又可以作为平衡依据而独立存在。整个课程把枯燥乏味的数学与物理讲解内容减到最少，用游戏的方式使学生进行专业知识的体验与实践。

四、成都标榜国际职业学院艺术基础课——身体与造型

成都标榜国际职业学院作为时尚行业的国际职业标准培训院校,把艺术基础课作为一年级必修课程。大部分学生没有美术基础,在完成艺术基础课程训练以后,会进入美容美发、服装设计、首饰设计等专业继续学习。艺术基础课程中对造型的训练课题紧密围绕身体的结构、比例来设定。

课程要求:结合各专业的需要,针对身体的结构——肩颈、头、手等部位,结合人体的结构与比例,以纸为材料进行造型创作。

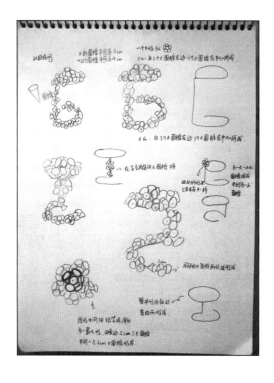

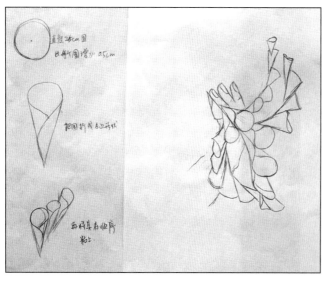

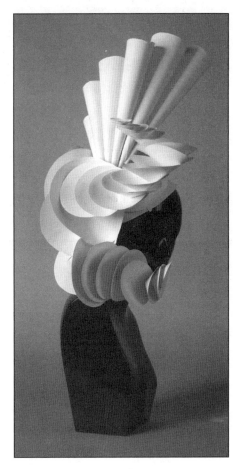

课程分为两部分,首先是针对三维造型方式的讲解,学生在没有美术基础的情况下,对例题构成元素、造型方式的讲解需要结合案例进行概念与造型的比对;其次是对于身体的造型、比例与所创作的三维造型之间关系的讲解,为针对不同设计专业的需要,造型方式需要紧密围绕身体的各部分作为造型的载体,这样的造型对学生后续的专业学习才是有意义的。

最好的教育,是没有痕迹的教育。——杨绛

对美术基础薄弱的学生,兴趣教学尤其重要。在职业技术院校的课堂上,学生往往关注所选择学习专业的技术问题,容易忽略美术基础教学中所提倡的艺术与审美体验。基础课程的课题制定需要顾及学生的特点,在教学中树立学生独立思考与创作的自信,并保持专业学习的兴趣与热情。

第三节　课堂教学的持续实践与研究

设计基础课程的教与学,并不是创意的天马行空,而是需要时刻以设计的标准衡量课程的教学目的、与专业接轨的教学价值,如何与专业课进行对接,使学生在基础课程阶段就能体会到后置专业课程需要关注与体验的知识点,是基础课程教师必须面对、必须思考的问题。任课教师应该明确设计基础课程必须解决实际教学问题,为专业课程服务。

只要去追求,总有一天你们会有收获。只要不放弃自己的理想,努力去做,梦想就并不遥远! 只要你们追求过,坚持过,哪怕没有实现自己的理想,你们的人生也是理想的,借用奥地利诗人里尔克的话:没有什么成功可言,挺住,意味着一切。——中央美术学院设计学院王敏院长2014届学生毕业致辞

中央美术学院是每一个立志从事艺术与设计行业的年轻人很好的起点。从2001年至今,我在设计基础教学的岗位上工作了二十年,当初满怀理想与憧憬走进校园的情景仍历历在目。在追求理想的道路上,我是幸运的,因为我的职业已经和我的理想结合在一起。现在无论在专业院校的课堂上还是在职业技术院校的课堂上,看到学生们对待学习认真的表情,我都会想到当年的自己。在2002年出版的《艺术设计基础教育的革新》中,我用众多基础教学课题对应设计教学的案例与学生作品,来证明不断更新基础教学课题以应对设计标准的变更是提升基础教学质量的重要手段。在我看来,基础课题教与学的意义,已经不仅仅是提升专业水平的手段,更是一种工作的乐趣、工作与生活的态度。

有幸在2014年,我把我的基础课题带到欧洲,在我留学期间任教于匈牙利佩奇大学建筑系,与来自欧洲各个国家的学生们一起交流。2016年留学归国后,调入浙江工业大学设计与建筑学院任教至今,对"模型语言"课程的课堂教学实践与研究仍在继续,不断研发的新课题,力求更加贴近当今年轻人的思维方式。

2018年"模型语言"课程教材获得浙江省首批十三五规划新形态教材立项。2019年"模型语言"课程获得浙江省首批"省级一流课程"认定,获得浙江省互联网＋课堂教学示范课程认定。在设计课堂教学实践与研究的路上,我一直在努力。

鸣谢
以下院校参与课程实践并为本书提供相关课题习作

中央美术学院设计学院2013、2014届本科全体同学 / 中央美术学院继续教育学院环境艺术2003届专科一年级 / 成都标榜国际职业学院艺术基础部、环境设计专业 / 中央美术学院城市设计学院基础部 /PECS 大学波拉克工程学院建筑系2015届本科一年级 / 浙江工业大学设计艺术学院2015、2016、2017级本科全体同学参与课程实践并为本书提供课程作品。

董潇 / 谢潮 / 陈一涵 / 郭颖俏 / 景师禹 / 刘翰松 / 刘克慧 / 朴昡征（韩国）/ 朴赞美（韩国）/ 慕晨扬 / 刘馨元 / 罗娴 / 卢衫 / 于诗萌 / 周烨 / 田韵 / 唐靓 / 吴凡 / 颜诗轩 / 李沐阳 / 唐诗 / 石尚洁 / 郑集语 / 孟婉婷 / 胡冰冰 / 李圭 / 王茜桐 / 薛帅兵 / 崔馨予 / 关堡江 / 余俊 / 陈佩涵 / 岳倩雯 / 孟婉婷 / 徐睿 / 陆森林 / 湖海南 / 孙希元 / 石韵媛 / 赵芸 / 谢竟思 / 付磊 / 张宇宸 / 黄小黛 / 谭文赛 / 姚金良 / 李非 / 张宇豪 / 葛轩汐 / 赵梓涵

李亦昕 / 张馨心 / 张鹤怡 / 蔡雯伊 / 李连海 / 谢丹 / 李棕旭 / 赵琼 / 唐浩杰 / 潘柔杨 / 黄麓琪 / 汤同鑫 / 周忙 / 张天译 / 刘松涛 / 彭驿雯 / 朱守磊 / 刘天琦 / 杨莹 / 李明叡 / 高逸飞 / 徐大恒 / 于子漪 / 贾澄宇 / 张辰 / 徐铭聪 / 王钰雯 / 宋出尘 / 赵雪薇 / 孙越 / 万柳苏婷 / 方励芝 / 邱印萱 / 林晏德 / 廖贞雅 / 张子涵 / 苏珊 / 刘宛辰（美国）/ 郑恬恬（美国）/ 许弘宰（韩国）/ 芬妮（德国）

匈牙利 PECS 大学建筑基础课程相关课程资料及学生习作由波拉克信息工程学院 Dr.BACHMANN Balnt 院长提供并授权使用。

感谢"非常设计师网"运营总监胡泽宇、智库林（北京）微课运营总监林杉给予课程视频制作及推广支持，浙江工业大学设计与建筑学院王玲、杨心瑜同学参与课程资料拍摄。

浙江工业大学设计与建筑学院2019年"模型语言"课程作品展览现场与学生们合影

参考书目

1. 阿里巴巴集团.马云:未来已来[M].北京:红旗出版社,2017.

2. 保罗·兰德.关于设计的思考[M].吴梦妍,译.长沙:湖南美术出版社,2017.

3. 金伯利·伊拉姆.设计几何学[M].沈亦楠,赵志勇,译.上海:上海人民美术出版社,2018年1月第一版

4. 崔鹏飞.直接发生——空间训练基础[M].北京:中国建筑工业出版社,2005.

5. 朝仓直巳.艺术·设计的立体构成[M].林征,林华,译.南京:江苏科学技术出版社,2018.

6. 程大锦.建筑:形式、空间和秩序[M].刘丛红,译.天津:天津大学出版社,2018.

7. 猪熊纯,成漱友梨.共享空间设计解剖书[M].郭维,林绚锦,何轩宇,译.南京:江苏凤凰科学技术出版社,2018.

8. 朱雷.空间操作——现代建筑空间设计及教学研究的基础与反思[M].2版.南京:东南大学出版社,2015.

9. 周至禹.形式基础训练[M].北京:高等教育出版社,2009.

10. 佐藤大.用设计解决问题[M].邓超,译.北京:北京时代华文书局,2016.

11. 贾倍思.型和现代主义[M].北京:中国建筑工业出版社,2003.

12. 瓦西里·康定斯基.点线面[M]余敏玲,译.重庆:重庆大学出版社,2017.

13. 彭一刚.建筑空间组合论[M].北京:中国建筑工业出版社,2008.

14. 盖尔·格瑞特·汉娜.设计元素[M].沈儒雯,译.上海:上海人民美术出版社,2008.

15. 赫曼·赫茨伯格.建筑学教程1:设计原理[M].仲德崑,译.13版.天津:天津大学出版社,2017.